航空力学と飛行操縦論

遠藤信二著

鳳文書林出版販売㈱

口絵　飛行機各部の名称

高翼単発機

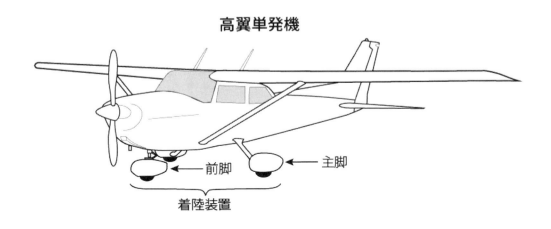

低翼双発機

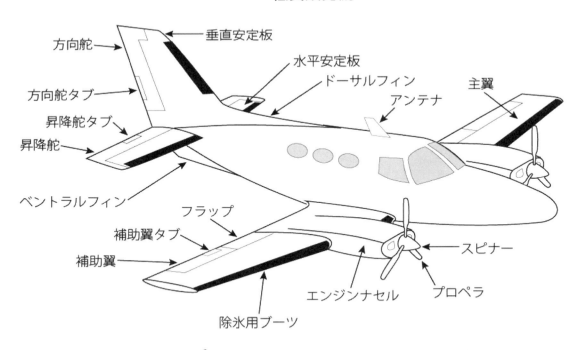

尾翼 { 水平尾翼（水平安定板、昇降舵および昇降舵タブ
　　　垂直尾翼（垂直安定板、方向舵および方向舵タブ

まえがき

　本書は、パイロットや整備士といった航空従事者を目指す人に向けた飛行の原理など航空力学の基礎および航空力学と飛行機の実際の操縦との関連について述べたものである。具体的には、航空従事者技能証明　自家用・事業用操縦士の学科試験（航空工学）ならびに実地試験における口述審査、およびこれと同等の整備士の学科試験（機体）で問われる内容である。

　筆者は、現在、エアラインなどのプロのパイロットを目指す大学生に航空力学および飛行操縦の教育を行っているが、入手できる文献は、航空に関する知識を持ち合わせない人たちに向けた非常に初歩的なものか、あるいは空気力学の専門家に向けた難解なもののどちらかがほとんどで、講義に用いる教科書としてちょうどよいレベルのものがあまり見当たらない。また、パイロットを目指す諸君のなかには、文系の教育を受けてきた人も少なくない。そこで、巻末に挙げた文献を参考にして、できる限り数式を少なくした教材を作成し、講義で使用してきた。本書は、その講義内容を基にまとめたものであるから、初歩的な入門書を読み終え、もう少しレベルの高い知識を得たいと思っている人たちの興味にもこたえられるのではないかと思っている。

　本書を読むときの順序についてであるが、第1章序論は高校時代の物理のレベルの内容なので、理系の教育を受けた人には復習程度で読んでもらえばよく、理系の教育になじんでいない人には第2章以後を読んだときに疑問に感じたり、文中で述べられていることをより深く知りたいときに読んでもらえばよい。ただし、3節の単位については、航空分野や実際の飛行で使われているものなので記憶して慣れてほしい。

　本書で取り扱うのは、上梓した目的が上述のとおりであるので、主に飛行速度が200kt程度までの小型ピストン（レシプロ）飛行機の内容である。

　鳳文書林、特に青木孝氏からは、編集や図の作成などについて多くの貴重な助言、助力を頂いた。ここに深く謝意を表する次第である。

　なお、本書は、筆者が航空会社に運航乗務員として勤務していたときに得られた現場の経験からの情報・資料も参考にして書かれていることを付言する。

2015年1月

　本書の初版を刊行した後、「第17章　飛行機の操縦」部分の続編として、事業用操縦士・定期運送用操縦士レベルに対応する内容の「飛行操縦特論」（鳳文書林出版）を上梓した。こちらも参考にしていただければ、より深い知識を得たいという要望に沿うことができるものと思う。

2020年4月

遠藤信二

目　次（INDEX）

口絵　飛行機各部の名称
まえがき

第1章　序論……1
1・1　基礎の力学……1
1・2　重力と重力単位系……4
1・3　単位……5

第2章　空気……7
2・1　大気……7
2・2　標準大気……7
2・3　高度……9
2・4　圧縮性……10
2・5　粘性……10

第3章　航空機の分類……11
3・1　航空機……11
3・2　耐空類別……11

第4章　空気力学の基礎……13
4・1　連続の式……13
4・2　ベルヌーイの定理……13
4・3　圧力係数……14
4・4　レイノルズ数とレイノルズの相似則……15
4・5　境界層……16
4・6　気流の剥離……17

第5章　対気速度……19
5・1　対気速度の計測と指示対気速度……19
5・2　位置誤差と較正対気速度……20
5・3　圧縮性の影響と等価対気速度……21
5・4　高度変化と真対気速度……22

第6章　翼型と空気力……25
6・1　翼型に関する名称……25
6・2　圧力分布と空気力……26
6・3　風圧中心……27
6・4　循環と揚力……28
6・5　抗力……29
6・6　揚力係数および抗力係数と迎え角……30
6・7　極曲線と揚抗比……31
6・8　失速とバフェット……32
6・9　揚力係数とレイノルズ数……33
6・10　翼型の形状……33
6・11　NACA系翼型……35
6・12　縦揺れモーメントと空力中心……36

第7章　飛行機の翼……39
7・1　翼の形に関する名称と定義……39
7・2　有限翼の揚力……40
7・3　翼端渦……41
7・4　吹き下しと誘導抗力……42
7・5　誘導抗力係数……43
7・6　有限翼の抗力……44
7・7　アスペクト比と後退角の影響……45
7・8　翼の平面形による失速特性……47
7・9　翼端失速と防止策……48

第8章　全機の空力特性……51
8・1　全機の揚力と抗力……51
8・2　有害抗力……51
8・3　流線型……52
8・4　干渉抗力……53
8・5　全機の抗力……54
8・6　地面効果……54
8・7　高揚力装置……56

8・8　高抗力装置······61

第9章　推進装置······65
9・1　エンジンの出力······65
9・2　プロペラ······68

第10章　安定性と操縦性······73
10・1　概要······73
10・2　飛行機の基準軸······74
10・3　安定性······75
10・4　操縦性······76
10・5　プロペラの回転の影響······81

第11章　縦の安定と操縦······85
11・1　縦の静安定······85
11・2　縦の動安定······89
11・3　縦の操縦······90

第12章　方向および横の安定と操縦······95
12・1　方向の静安定······95
12・2　方向の動安定······98
12・3　方向の操縦······98
12・4　横の安定······102
12・5　方向と横の動安定······104
12・6　横の操縦······106

第13章　性能······109
13・1　水平直線飛行······109
13・2　上昇飛行······116
13・3　定常飛行性能に影響する要素······118
13・4　巡航飛行······121
13・5　降下飛行と滑空飛行······123
13・6　運動性能······126
13・7　離陸性能······129
13・8　進入・着陸性能······134

第14章　設計強度······139
14・1　構造限界······139
14・2　運動包囲線図······141
14・3　突風荷重······143
14・4　V-n 線図······144
14・5　対気速度の運用限界······145

第15章　重量と重心位置······147
15・1　重量······147
15・2　重量と重心位置の算定······148
15・3　重心位置許容限界······151
15・4　総重量と重心位置の算定······152

第16章　高速飛行······155
16・1　音速とマッハ数······155
16・2　衝撃波······156
16・3　飛行速度領域······157
16・4　後退翼······157

第17章　飛行機の操縦······159
17・1　通常時の飛行······159
17・2　低速時の飛行······166
17・3　悪環境における飛行······170
17・4　緊急時の飛行······174

航空で用いられている標準大気······176
索　引······177
引用・参考文献······184
奥　付

第1章　序論

1・1　基礎の力学

（1）速度

　　物体が運動すると、時間とともにその位置が変化する。このとき、時間Δtに対する位置の変化Δxの割合：Δx/Δtを速度 Velocity：V という。物体の運動を考えるとき、運動の方向を考慮する必要があり、速度は速さと方向を含めた概念であるから、ベクトル量になる。運動の方向を含まないVの値を速さ Speed という。Vの値が一定ではなく、時間とともに変化するときは、この式で表される速度は時間Δtにおける平均の速度となるので、時間の刻みをできるだけ小さくし、Δt→0 として極限をとると、

$$\lim_{\Delta t \to 0} \frac{\Delta x}{\Delta t} = \frac{dx}{dt} = V \tag{1-1}$$

となり、ある位置における瞬間の速度を示すことになる。
　　本書では、速さと速度を区別せずに用い、特に区別する場合はその旨注記する。

（2）加速度

　　運動している物体の速度が時間とともに変化するとき、時間Δtに対する速度の変化ΔVの割合：ΔV/Δtを加速度 Acceleration：a という。速度が方向を含んでいるので、加速度も方向を含んでいる。aの値が一定ではなく、時間とともに変化するときは、速度と同様に、この式で表される加速度は時間Δtにおける平均の加速度となるので、時間の刻みをできるだけ小さくし、Δt→0 として極限をとると、

$$\lim_{\Delta t \to 0} \frac{\Delta V}{\Delta t} = \frac{dV}{dt} = a \tag{1-2}$$

となり、ある位置における瞬間の加速度を示すことになる。

（3）力

　　物体が運動しているとき、外から力が働かないかぎり、同じ速さで同じ方向へ運動し続ける。これを「ニュートンの第1法則（慣性の法則）」という。逆に言えば、物体に力 Force：F が働いているときには、運動している物体に力と同方向の速度の変化、すなわち加速度 a が生じることになり、その大きさは力に比例する。質量 Mass は速度の変化のしにくさを示す量であるから、力、質量、加速度の関係は、物体の質量をmとすると、

$$F = m \times a \tag{1-3}$$

となり、これを「ニュートンの第2法則」という。

（4）運動量

　　質量mの物体が速度Vで運動しているとき、質量と速度の積mVをこの物体の運動量といい、速度がベクトル量なので運動量もベクトル量である。運動量は運動の激しさを示す量といえる。一般に、異なる物体同士の間の力しか働かず、他から力が働かない場合、その全体

の運動量の和は一定で時間変化をしない。これを「運動量保存の法則」という。

いま、時刻 t における速度が V であり、これに時間 Δt において方向および大きさが一定の力 F が働き、速度が V から V + Δv に変化したとき、運動量の変化は、

$$m(V + \Delta v) - mV = m\Delta v$$

従って、時間 Δt に対する運動量の変化の割合 mΔv/Δt を考えると、ニュートンの第2法則により、

$$\frac{m\Delta v}{\Delta t} = ma = F \tag{1-4}$$

となり、時間に対する運動量の変化の割合は、その時間中働いている力に等しいことを示している。

(5) モーメントとトルク

物体に回転運動を引き起こす能力を力のモーメント Moment という。力 F によって生じる力のモーメント M は次式で表される。

$$M = F \times l \tag{1-5}$$

l は、回転の中心 A から力の作用点へ下ろされた垂線の長さでアーム Arm と呼ばれる。従って、力のモーメントの単位は[lb·ft]（[kg·m]）となる。これは仕事の単位と全く同じであるので誤解されやすいが、両者は異なるものである。モーメントとトルクは、回転力であると考えると分かりやすい。また、このモーメントを A 点回りのモーメントと呼ぶ。エンジンなどの回転軸まわりの力のモーメントを特にトルク Torque と呼び、Q で表す。本書では以後、力のモー

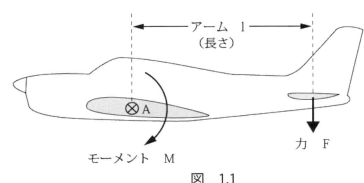

図 1.1

メントを単にモーメントという。

(6) 仕事

力が作用して物体を移動させたとき、移動方向への力の成分×移動長さを仕事 Work：w という。すなわち、力 F と移動方向との間の角を θ とし、移動長さを l とすると、次式で表される。

$$w = F \cos\theta \times l$$

単位は[lb·ft]（[kg·m]）である。SI 単位では、仕事を[J（ジュール）]で表す。図 1.2 から、F sinθ は物体を移動するのに使われていないこと、また上式から、力が働いても物体が移動しなければ、力の仕事量は 0 であることが分かる。

回転運動の場合、変位角度を ε [rad] とすると、仕事

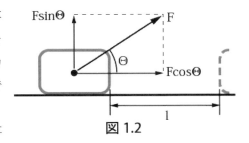

図 1.2

Lは次式で表される。

$$L = Q \times \varepsilon$$

単位は[lb・ft]である。

（7）エネルギー

エネルギー Energy：E とは、仕事をすることができる能力であるから、その単位は仕事と同じで[lb・ft]（[kg・m]）である。

ある速度で運動する物体は、他の物体と衝突して力を加えて移動させることができるのでエネルギーをもっている。これを運動エネルギーといい、次式で表される。

$$E = \frac{1}{2}mV^2$$

ダムに貯えられた水が発電機を回すことで仕事をするように、ある高さにある物体は落下することで運動エネルギーに変換されるエネルギーをもっている。これを位置エネルギーといい、高さをhとすると、次式で表される。

$$E = mgh = W \times h$$

流体には常に圧力Pがあり、これによって流体が動かされるとエネルギーとなる。これを圧力エネルギーといい、流体の体積をvとすると、次式で表される。

$$E = P \times v$$

「エネルギー保存則」とは、「エネルギーは、その形をいろいろと変えたり、物体の内部を伝わったりしても、全体として一定量に保持される。」ということであり、流体のエネルギーは上記の3つのエネルギーと熱エネルギーであるから、これらの和は流れの中で一定量に保持される。

（8）仕事率

単位時間当たりの仕事を仕事率 Power：PWR といい、機械などが仕事をするときの能率を示す。仕事率は次式で表される。

$$PWR = \frac{w}{time} = \frac{F \times l}{time} = F \times V$$

単位は[lb・ft/sec]（[kg・m/sec]）である。

ワット(James Watt)は、仕事率の単位として馬力を考案し、1馬力(HP)＝550 lb・ft/sec と定義した。なお、MKS単位による馬力(PS)では、1馬力(PS)＝75 kg・m/sec である。SI単位では、仕事率を[W（ワット）]で表し、1 HPは745.5 W、1 PSは735.5 Wに当たる。

回転運動の場合、単位時間当たりの角度変位、すなわち角速度を ω［rad/sec］あるいは［rad/min］とすれば、PWRは次式で表される。

$$PWR = \frac{w}{time} = \frac{Q \times \varepsilon}{time} = Q \times \omega$$

単位は[lb・ft/sec] あるいは [lb・ft/min]（[kg・m/sec] あるいは [kg・m/min]）である。

なお、本書では、仕事率をパワーと表記する。

（9）円運動

一定の速さVで半径rの円周上を回転する運動を等速円運動という。このときの角速度ω [rad/sec] は、次の式で表される。

$$\omega = \frac{2\pi}{t} \quad および \quad V = \frac{2\pi r}{t} \quad \therefore \omega = \frac{V}{r}$$

物体が等速円運動をしているときの速度の方向は円の接線方向であるから、速さは一定でも速度は常に変化しているので、速度を変化させる力が働いていることになる。この力による加速度aの大きさは、

$$a = \frac{V^2}{r} = r\omega^2 \tag{1-6}$$

であり、その方向は円の中心に向かう。従って、働いている力Fの大きさは次の式で表される。

$$F = ma = \frac{W}{g}\frac{V^2}{r} = \frac{W}{g}r\omega^2 \tag{1-7}$$

また、Fの方向は、加速度の方向と同様に円の中心に向いているので、向心力と呼ばれる。

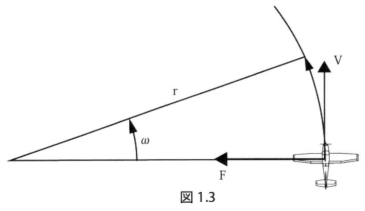

図1.3

物体は向心力Fを受けると等速円運動を行うが、円の接線方向に運動しようとする慣性があるので、物体を基準として静止していると考えると、向心力と大きさが同じで方向が反対の慣性による見掛け上の力が働いて、釣り合っていると考えることができる。この慣性による見掛けの力（慣性力）を遠心力という。

1・2 重力と重力単位系

ある質量mの物体には、地球が中心に引っ張る力によって重力Gravityが作用し、重力加速度gが生じる。重力の大きさが重量Weight：Wであるから、式(1-1)と同様にして次の式が成り立つ。

$$W = m \times g \tag{1-8}$$

航空工学では、力の大きさの測度として重力を用いることが多く、このように重力を力の単位として取り扱う単位系を重力単位系という。単位は[kgf(kg力)]、[lbf]であるが、[kg]、[lb]と表記されることが多い。例えば、100 kgのバーベルを持ち上げられる人はそれだけの力を持っているということを想像すれば、重力を力の単位とすることが理解できるであろう。一方、国際的な計量単位の基準となるSI単位系では、[kg]は物体の質量の単位として取り扱われ、力の単位は[N(ニュートン)]である。

重力単位系の1 kgfは、SI単位系における1 kgの質量に働く重力であり、平均重力加速度g

は 9.8m/sec², 1[lb] = 0.454[kg]であるから、式(1-8)より以下の値となる。

$$1[kgf] = 1[kg] \times 9.8[m/sec^2] = 9.8[N] \quad \therefore 1[lbf] = 4.45[N]$$

また重力単位系では、重量（重力）1 kgf の物体の質量は次のようになる。

$$m = \frac{W}{g} = \frac{1[kgf]}{9.8[m/sec^2]} = 0.102[kgf \cdot sec^2/m]$$

FPS 単位では、重力加速度 g は 32.2 ft/sec² となるので、重量（重力）1 lbf の物体の質量は、

$$m = \frac{1[lbf]}{32.2[ft/sec^2]} = 0.031[lbf \cdot sec^2/ft] \quad \text{となる。}$$

本書では、原則として FPS 重力単位系により記述し、必要により MKS 重力単位系の単位でも記述する。また、力の単位を[lb]あるいは[kg]と表記する。

1・3　単位

我が国では MKS 単位系を基本とするメートル法が用いられているが、航空界では、米国製の航空機を使用することが多いため、基本単位として ft（フィート）、lb（ポンド）、sec（秒）で構成される FPS 単位系が広く用いられており、また温度の単位として°F（華氏）も使用される。また、ロシア、中国などでは、航空でも MKS 単位が用いられており、我が国や欧州では、MKS 単位に FPS 単位が併記されている。

参考として航空（本書）で用いられる量、単位名とその記号および換算表を示す。

量	航空で用いられる単位	MKS 単位
長さ　l、　高さ　h	ft（フィート）、in（インチ）	m
	1 ft（= 12 in）	0.305 m
距離　d	nm（ノーティカルマイル）	m
	1 nm（= 6,076 ft）	1.85 km
速度　V	kt（ノット）： nm/hr	km/hr、m/sec
	1 kt	1.85 km/hr、0.5 m/sec
	fpm： ft/min	
加速度　a、重力加速度　g	ft/sec²	m/sec²
力　F、　重量　W	lb（ポンド）	kg
	1 lb	0.454 kg
質量　m	lb·sec²/ft	kg·sec²/m
密度　ρ	lb·sec²/ft⁴	kg·sec²/m⁴
面積　S	ft²、in²	m²
圧力　P	psi： lb/in²	kg/m²
容積	US gallon（ガロン）	m³、ℓ
トルク　Q、モーメント　M	lb·ft	kg·m

仕事 w 、エネルギー E	lb·ft	kg·m
パワー（仕事率） PWR	lb·ft/sec	kg·m/sec
英馬力 HP、仏馬力 PS	1 HP = 550 lb·ft/sec	1 PS = 75 kg·m/sec
温度 t	°C（摂氏）、°F（華氏）	°C
	°F = (9/5) × °C + 32	
絶対温度 T	K（ケルビン）、°R（ランキン）	K
	K = °C + 273.15	
角度 θ、φなどのギリシャ文字	deg(度)、　　　rad（ラジアン）	
	1 rad = (180 / π) deg	
角速度 ω	deg/sec 、　　rad/sec あるいは rad/min	
回転数 n	rpm：Revolutions Per Minute（一分間の回転数）	

第2章　空気

2・1　大気

　地球を取り巻く大気 Atmosphere は、体積の約 78%の窒素、約 21%の酸素、残りはアルゴン、二酸化炭素などから成る混合気体であり、水蒸気も含まれる。水蒸気を除けば、その組成はかなりの高度まで変わらない。大気はいくつかの層から成り、一番下の層は対流圏 Troposphere、その次の層は成層圏 Stratosphere と呼ばれており、その上にも中間圏、熱圏があるが、近い将来の超音速機や現用の飛行機の飛行高度は成層圏までなので、この二つの層について述べる。

　対流圏では、高度とともに気温が低下し、また大気の大部分の水蒸気が含まれており、この水蒸気を含む大気が対流することによって雲が発生し、降雨など様々な気象現象が起きる。対流圏と成層圏の境界を対流圏界面 Tropopause という。対流圏の厚さ、すなわち対流圏界面の高度は、緯度によって変化し、赤道付近では最も高く50,000～60,000ft に達し、極地では最も低く 20,000～26,000ft 程度である。また、季節によっても変化し、一般に夏は高く、冬は低い。

　成層圏では、高度約 100,000 ft までは気温がほとんど一定で水蒸気も僅かしか含まれず、大気の対流もないので雲などがほとんど発生しない安定した状態である。

2・2　標準大気

　大気中を飛行する飛行機に作用する空力的な力やモーメントは、ほとんど空気の物理的状態によるものであるから、飛行機の性能も大気圧、気温、空気密度などの大気の状態により変化する。そのため、世界中の異なる地点や刻々変化する大気の状態において飛行機の性能を比較するときには、標準となる大気状態を定め、その条件下で行わなければならない。この標準となる大気状態は国際的に共通であることが必要なので、国際民間航空機構 International Civil Aviation Organization(ICAO)によって国際標準大気 International Standard Atmosphere (ISA)が定められた。ISA では、高さとして、重力加速度 g が高度によって変化することを考慮したジオポテンシャル高度が用いられているが、成層圏までの高度ならあまり厳密に考えなくてもよいので、普通は米国で定められた、通常の幾何学的高度を用いた標準大気 (U.S. Standard Atmosphere 1976) が使用されており、我が国でもこれが標準大気として耐空性審査要領で定められている。

　この耐空性審査要領で定められている標準大気は次のような仮定に基づいている。なお海面上での標準状態を傍字 $_0$ で表す。

a. 大気は乾燥した空気で、完全ガスである。

　　完全ガスは理想気体とも呼ばれ、ある高度における圧力 Pressure：P、密度 Density：ρ、絶対温度 Absolute Temperature：T について状態方程式 $P = \rho g R T$ が成り立つ気体である。

R は空気の気体定数で R = 29.27 kg m/kg K（96.03 lb ft/lb K）、SI 単位では 287.05 J/kg K である。

 注：完全ガス（理想気体）は、分子の体積および分子間の引力が無視でき、分子は完全弾性体とみなされる気体である。

b. 海面上における温度 t_0（T_0）が 15℃（288.15K）である。
c. 海面上における圧力 P_0 が水銀柱 760 mm（29.92 inch）である。
d. 対流圏の温度勾配が、海面上からの温度：15℃ から －56.5℃ になるまでは －0.0065℃/m（－0.00198℃/ft ≅ －2℃/1,000ft）で対流圏界面に達し、その上の成層圏では 0 である。
e. 海面上における密度 ρ_0 が 0.12492 kg sec^2/m^4（0.002377 lb sec^2/ft^4）である。

耐空性審査要領には記載されていないが、重力加速度 g は高度によらず一定であると仮定されており、その値は、9.807m/sec^2（32.174ft/sec^2）である。

空気には質量があるので重力が働くため、非常に軽いけれども重量があり、大気圏の境界まで積み重ねられた空気の重量によって生じる圧力が大気圧であるから、図 2.1 で示すように、大気中では任意の高度 h の圧力、密度をそれぞれ P、ρ とすると次式が成り立つ。

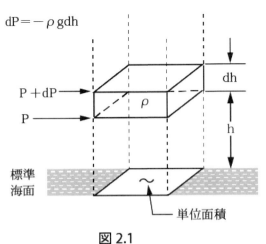

図 2.1

$$dP = -\rho g dh \quad (2\text{-}1)$$

dP、dh はそれぞれ微少の圧力差、高度差を表す。

以上の a～e の条件および式(2-1)が与えられると、任意の高度 h に対する気温 T、大気圧 P、密度 ρ が求められる。これを ICAO が標準大気として定めた。

図 2.2 は、標準大気表に基づき、T/T_0、P/P_0、ρ/ρ_0 をそれぞれ任意の高度と標準海面高度における大気温度、大気圧、

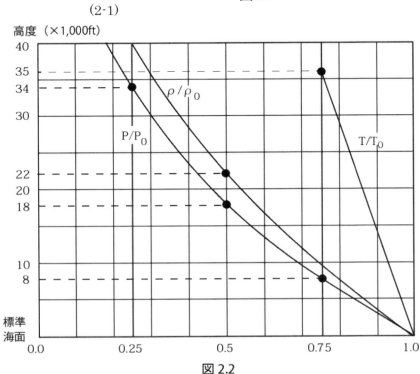

図 2.2

空気密度の比として、高度とこれらの比の関係を示したものである。

巻末に参考として国際標準大気表から抜粋した表を掲げる。

2・3 高度

標準大気中では、大気圧、密度、気温が与えられると高度が決まる。大気圧に対応する高度を気圧高度 Pressure altitude といい、密度や気温に対応する高度をそれぞれ密度高度 Density altitude、温度高度 Temperature altitude という。この他、航空機の運航に使われる高度として、真高度 True altitude がある。

（1）気圧高度

飛行機の高度の計測には、気圧高度が使用される。これは、大気圧は変動が少なく、測定も容易であるからで、密度は変動は少ないものの測定が難しく、気温は測定は容易であるが変動が大きく、また成層圏では役に立たないので、密度高度、温度高度は用いられない。

気圧高度計は大気圧を測定するアネロイド式気圧計であり、目盛には標準大気表の大気圧に対応した気圧高度が目盛ってある。

（2）密度高度

密度高度は気圧高度と気温により決まり、ある気圧高度における気温が標準大気状態のとき、密度高度はその気圧高度と一致する。気温が標準状態より高ければ、その気圧高度における標準状態の密度より小さくなるので、密度高度は気圧高度より高くなる。標準状態より低い場合は、これと逆になる。図2.3 は、密度高度と気圧高度、気温の関係を示すものである。

飛行機に働く空力的な力やエンジンの出力は空気密度によるものであるから、密度高度は機体やエンジンの性能を決める際の基準となる高度になるので、離陸あるいは上昇などの性能を表す図表には、通常このような図あるいは表が添付されている。

標準大気では、空気は完全に乾燥しているものと仮定して

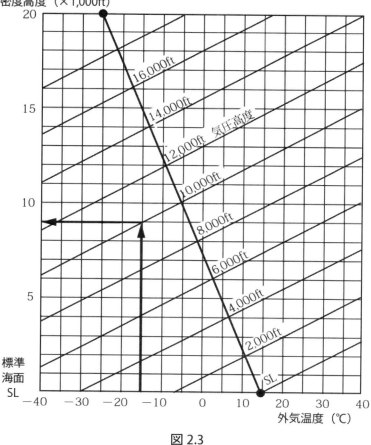

図 2.3

いるが、実際の大気中には水蒸気が含まれている。水蒸気の密度は空気の密度より小さいため、湿った空気は乾燥した空気より密度が小さくなるから、密度高度は高くなる。湿度が高い空気ほど密度が低くなり、燃焼に必要な空気の質量流量が減少するので、エンジンの性能は低下する。特に、ピストンエンジンはその傾向が著しい。

また、機体性能に及ぼす影響は、模型飛行機のように非常に小型のものの場合を除けば、無視できる。

（3）真高度

平均海面からの実際の高度で、気圧高度計に高度計規制値(QNH)をセットして示される高度（指示高度）に気温の修正をして得られる。すなわち幾何学的な（測量によって計測した）高度で、航空図やアプローチチャートに記載される標高・高度は、この高度であり、高度の数値の後に MSL : Mean Sea Level の略語が付けられることがある。

大気柱は気温によって伸縮し、気柱の平均気温が標準大気温度より高ければ気柱は伸びるため、気温の修正を行っていない高度計指示高度より真高度は高くなり、低ければ気柱は縮むため、指示高度より真高度は低くなる。このため例えば、ILS アプローチでグライドスロープに会合するとき、定められた指示高度を維持していても、気温が標準大気温度より高ければ会合点はチャートに記載されている地点より手前になる。

2・4 圧縮性

液体に圧力を加えても体積はほとんど変化しないが、気体に圧力を加えると体積は変化して小さくなり、密度が大きくなる。これは、気体は構成する分子が自由に飛び回っている状態なので分子間の隙間が非常に多いが、液体は分子が緩やかに結合している状態なので隙間がほとんどないからである。体積が変化しない流体を非圧縮性流体といい、体積が変化する流体を圧縮性流体という。空気は圧縮性流体であるから、その影響は速度計の誤差（5・3節参照）や衝撃波の発生（16・2節参照）というような形で表れる。しかし、容器に入った空気は圧縮されやすいが、空気中を運動する物体の運動による圧縮はあまり大きくないので、速度 200kt 程度までならば、圧縮性 Compressibility の影響は無視できる。マッハ数は、この圧縮性の影響を示す重要な指標（16・3節参照）である。本書では、特に断りのない限り、圧縮性の影響は無視し、空気を非圧縮性流体として取り扱う。

2・5 粘性

水中を歩いた時に水が身体にまとわりついてくるのを感じる。空気にも、水より小さいためはっきりしないけれども、他の物体や空気の粒子同士が粘りつこうとする性質がある。この粘っこさと呼ばれる性質を粘性 Viscosity といい、粘っこさの程度を示す比例定数を粘性係数 Coefficient of viscosity という。粘性が全くなくて圧縮もできない流体を理想流体といい、理想流体では、流れの有様が粘性流体に比べて単純である。

第3章　航空機の分類

3・1　航空機

　一般に、航空機 Aircraft とは、大気圏内の空中を飛行することができる乗り物であり、航空法第1条に「人が乗って航空の用に供することができる飛行機、回転翼航空機、滑空機及び飛行船その他政令で定める航空の用に供することができる機器」と定義されている。

　航空機は、図3.1のように分類される。

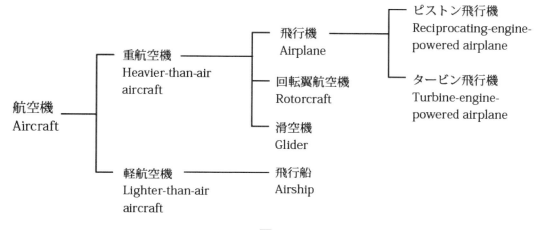

図 3.1

　重航空機 Heavier-than-air Aircraft とは、その重量を相対的な空気の流れによる空力的力（揚力）で支えて飛行するものをいい、ホバークラフトのように主として地表面に対する空力的反力から揚力を得るものは除かれる。

　軽航空機 Lighter-than-air Aircraft とは、主として空気よりも軽い気体を容れた容器の浮力によって飛行するものをいい、気球 Balloon や飛行船 Airship がこれに当たる。

　重航空機は、動力装置を持ち、固定した翼面で空力的力を得る飛行機 Airplane、ヘリコプターのように動力装置で回転翼を作動させて空力的力を得る回転翼航空機 Rotorcraft、および動力装置を持たない滑空機 Glider に分類される。

　さらに飛行機は、動力装置としてピストンエンジンを装備するピストン飛行機（レシプロ飛行機）とタービンエンジンを装備するタービン飛行機に分類される。

3・2　耐空類別

　航空機については、航空法施行規則付属書に「航空機及び装備品の安全性を確保するための技術上の基準」が定められており、耐空性審査要領は、この基準に適合するかどうかの審査を定めた要領である。このなかの耐空類別は、航空機をその種類や用途、重量、許される運動の種類などにより類別したものであり、類別ごとにその航空機が持たなければならない飛行性能や強度などの耐空性および操縦上の制限を規定することにより、安全性と信頼性を確保しようとするものである。

航空法施行規則付属書「航空機及び装備品の安全性を確保するための技術上の基準」および耐空性審査要領に定められた耐空類別をまとめて要約したものを以下に示す。

1）飛行機　普通　N（Normal）類

最大離陸重量が 12,500lb（5,700kg）以下、操縦席を除く座席数が 9 席以下であって、普通の飛行に適し、曲技飛行をしない飛行機。

曲技以外の普通の飛行とは、次のものをいう。

a　通常の飛行に付随するすべての操舵

b　失速（ヒップストール（ウィップストール Whip Stall　17・2節参照）を除く）

c　60°バンク以下のバンクを伴うレージーエイト、シャンデル及び急旋回

（レージーエイトおよびシャンデルは、飛行訓練で行う空中操作の科目である）

2）飛行機　実用　U（Utility）類

最大離陸重量が 12,500lb（5,700kg）以下、操縦席を除く座席数が 9 席以下であって、普通 N 類が適する飛行および一部の曲技飛行ができる飛行機。

一部の曲技飛行とは、次のものをいう。

a　きりもみ（スピン spin（17・2節参照））（その飛行機に対して承認された場合に限る）

b　バンク角が 60°を超え 90°以下のレージーエイト、シャンデル、および急旋回またはこれらに類似の運動

3）飛行機　曲技　A（Acrobatic）類

最大離陸重量が 12,500lb（5,700kg）以下、操縦席を除く座席数が 9 席以下であって、普通 N 類が適する飛行および曲技飛行ができる飛行機。飛行試験の結果、曲技飛行に制限を付されることがある。

4）飛行機　輸送　C（Commuter）類

最大離陸重量が 19,000lb（8,618kg）以下、操縦席を除く座席数が 19 席以下であって、曲技飛行を行わない多発の飛行機。

輸送 C 類と輸送 T 類は、いずれも航空運送事業の用に供する飛行機である。

なお、本書では、分類　飛行機　耐空類別　普通 N、実用 U、曲技 A 類について主として述べ、輸送 C、輸送 T 類については必要に応じて言及する。

第4章　空気力学の基礎

4・1　連続の式

　空気を理想流体とし、図4.1に示すような断面積が変化する管（ベンチュリ Venturi 管）を通過する空気の流れを考えてみる。管に流入する流れを一様な流れとすると、管を通過する流れの中の任意の点の速度、圧力、密度などが時間的に変化しない。このような流れを定常流という。管を通過する流れは定常流であり、また管壁を通過して流入あるいは流出する空気はないのだから、ある

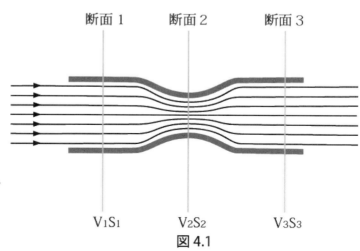

図4.1

単位時間に、管に流入する空気の質量と管から流出する空気の質量は等しい。質量は(密度×体積)であり、ある単位時間に通過する空気の体積は(流速×管の断面積)であるから、この流管で任意の3つの断面をとり、それぞれの密度を ρ_1、ρ_2、ρ_3、流速を V_1、V_2、V_3、断面積を S_1、S_2、S_3 とすると、次式が成り立つ。

$$\rho_1 V_1 S_1 = \rho_2 V_2 S_2 = \rho_3 V_3 S_3$$

すなわち、密度 ρ、流速 V、断面積 S である流管の任意の断面について、次式が成り立つ。

$$\rho V S = 一定 \tag{4-1}$$

非圧縮性流体の場合は、密度 ρ が一定なので

$$V S = 一定 \tag{4-2}$$

となる。式(4-1)および(4-2)を連続の式という。

　式(4-2)から流管が狭くなると、流速が大きくなることが分かる。すなわち、空気のような連続流体が非圧縮性流体として取り扱うことができる場合、流れの位置によって加速度が生じ、速度が変化する。

4・2　ベルヌーイの定理

　図4.1と同様の空気の流れを考えると、水平な一様流では位置エネルギーは他に比べて小さいので無視でき、また流速が非圧縮性流体として取り扱うことができる範囲では熱エネルギーも無視できるので、この空気流の持つエネルギーは、圧力エネルギーと運動エネルギーの二つになる。単位体積当たりの圧力エネルギーは P、単位体積当たりの運動エネルギーは、単位体積当たりの質量が ρ であるから、空気流の流速が V であれば $(1/2)\rho V^2$ で表される。従って、単位体積当たりの全エネルギーを P_t とすると、エネルギー保存の法則より、次式が成り立つ。

$$P + \frac{1}{2}\rho V^2 = P_t = 一定 \tag{4-3}$$

P は静圧 Static pressure、$(1/2)\rho V^2$ は動圧 Dynamic pressure、P_t は全圧 Total pressure と呼ばれ、この式は静圧と動圧の和は全圧で一定であること示している。これをベルヌーイ(Bernoulli)の定理といい、式(4-3)を非圧縮性流体のベルヌーイの式という。この式を図4.1の各断面に適用すると、

$$P_1 + \frac{1}{2}\rho_0 V_1^2 = P_2 + \frac{1}{2}\rho_0 V_2^2 = P_3 + \frac{1}{2}\rho_0 V_3^2 \tag{4-4}$$

となるので、流速と静圧は、片方が増加すれば他方が減少するという関係であることが分かる。

気流の任意の点における空気の粒子の速度ベクトルの方向が接線となるような曲線を流線といい、この流線で囲まれる空気中の流管を考えると、曲率を持つ翼を通過する気流についても連続の式、ベルヌーイの式が適用できる。例えば、翼の上面部分の流れについては、図4.1のベンチュリ管の下半分を切り抜いたものとして考えると分かりやすい。

4・3　圧力係数

流れのなかに置かれた物体に作用する力を考えるときには、物体の表面に沿った圧力がどれほどであるか、を調べること

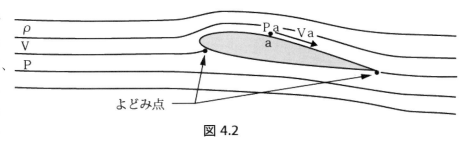

図 4.2

が重要であり、理論的に、あるいは実験で求めることができる。物体の表面に沿った圧力を表すとき、圧力そのものよりも圧力係数 Pressure coefficient で表すことが多い。物体から十分離れた点での流れを一般流といい、その圧力、密度、速度をそれぞれ P、ρ、V とし、任意の点 a の圧力、速度をそれぞれ P_a、V_a とすると、圧力係数 C_p は次式で表される。

$$C_p = \frac{P_a - P}{(1/2)\rho V^2} = 1 - \left(\frac{V_a}{V}\right)^2 \tag{4-5}$$

圧力係数は、一般流の動圧と、物体表面上の任意の点における静圧と一般流の静圧の差との比である。すなわち、物体表面上の任意の点における静圧 P_a の大きさは、一般流の動圧 $(1/2)\rho V^2$ が変化すると、一般流の静圧 P の大きさとは異なってくるため、圧力係数は、その差が一般流の動圧に対してどの程度の割合であるかを示すものである。

流れは物体の周りでは、その上方と下方に分かれるが、ちょうどその境界の流線は物体に当った点で完全に止まり、流速は 0 になる。また流線が物体の後部から出る点でも、流速は 0 になる。これらの点をよどみ点 Stagnation point または岐点という。よどみ点では、式(4-5)より $C_p = 1$ となり、また動圧が 0 になるので、式(4-3)より静圧は全圧に等しくなる。

$C_p = 0$ のとき、式(4-5)より $P_a = P$、$V_a = V$ となり、その点の静圧は一般流の静圧と等しくなる。前述の気圧高度や後述する対気速度の指示を得るために大気圧を測定する必要があり、そのための静圧孔は、可能な限り $C_p = 0$ となる所に取り付けられる。図4.3は、胴体表面上の圧

力分布の例であり、②、③あるいは⑤点に静圧孔を取り付けることが多い。

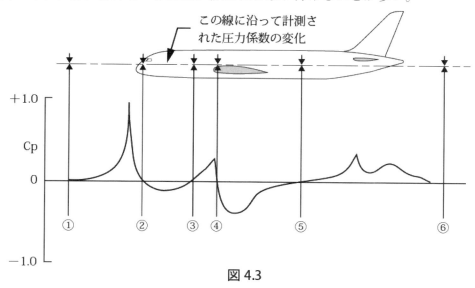

図 4.3

4・4　レイノルズ数とレイノルズの相似則

　静かな部屋のなかのタバコや無風状態の煙突の煙の流れは、最初は糸を引くように上昇するが、途中からゆらゆらと揺れ始め、次第に複雑に絡み合いながら拡散していく。最初のなめらかに上昇する流れを層流 Laminar flow、揺れて不規則に上昇する流れを乱流 Turbulent flow という。また、層流から乱流に変化することを遷移 Transition という。

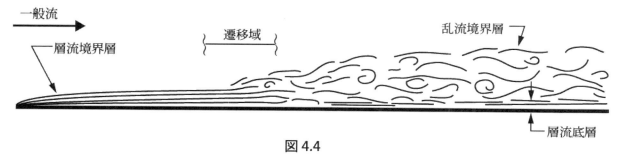

図 4.4

　レイノルズ(Osborn Reynolds)は、水と着色水を円管に通してそれを観察するという実験を行い、その結果から層流から乱流への遷移について重要な発見をした。それを図 4.4 のように、平板を一様な空気の流れのなかに平行に置いた場合に適用して、空気の流速を V、粘性係数を μ、密度を ρ、平板の前縁からの距離を l とし、Re を次のように定義すると、

$$\mathrm{Re} = \frac{\rho V l}{\mu} \tag{4-6}$$

　Re の値がほぼ一定のところで層流が乱流に遷移するということである。この Re をレイノルズの名にちなんでレイノルズ数 Reynolds number といい、単位を持たない無次元量である。層流が乱流に遷移するときのレイノルズ数を臨界レイノルズ数 Critical Reynolds number といい、Re_c と表す。平板の場合、Re_c は、どのような流体であっても、ほぼ 5×10^5 である。

レイノルズ数の持つ意味について考えてみよう。t を時間とすると、

$$\mathrm{Re} = \frac{\rho V l}{\mu} = \frac{\rho V^2 l^2}{\mu V l} = \frac{\rho l^3 V/t}{(\mu V/l) \times l^2}$$

となり、レイノルズ数は慣性力と粘性力の比、言い換えれば、空気がそのまま流れようとする力と平板が気流を引き止めようとする力の比を表す。従って、レイノルズ数が小さいということは慣性力より粘性力が強く、大きいということは慣性力の方が粘性力より強いということを意味する。粘性には流体の分子が勝手に動き回るのを抑える作用があり、層流では、レイノルズ数が小さいので粘性力が支配的になって乱れが抑えられるため、煙はなめらかに上昇するのである。このように、レイノルズ数は粘性力の影響を知るための指標であるから、物体に生じる抗力を予測するのに重要な数値である。

上記の平板での結果を翼型（翼断面）に適用する場合、前縁からの長さ l の代わりに翼弦長（6・1節参照）を用いる。翼弦長を c とすると、式(4-6)は次式のように表される。

$$\mathrm{Re} = \frac{\rho V c}{\mu} \tag{4-7}$$

形状が実機と幾何学的に相似な小型模型で風洞実験を行うとき、レイノルズ数を同じにすれば、翼周りの流れが相似になり空気力学的特性が同じになるので、実験結果を実機にも適用できる。従って、小型模型の翼弦長は小さいので、レイノルズ数を一致させるため空気密度などの他の係数を変えて実験しないと、その結果は実機に適用できない。このように、レイノルズ数の違いによって空力的特性が変化することをスケール効果 Scale effect といい、図4.5のようにレイノルズ数が一致すれば流れのパターンが相似になることをレイノルズの相似則という。

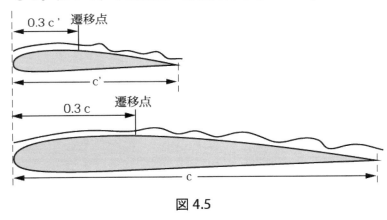

図4.5

4・5　境界層

平板を一様な空気の流れのなかに平行に置くと、流れは平板の前縁に接触し、接触した空気の粒子は平板に引きずられ、減速する。減速した粒子は、粘性によってすぐ外側の粒子を減速させるが、減速の度合いは小さくなる。このようにして平板表面から離れるほど減速の度合いは小さくなり、板面から十分離れると粒子は平板の影響を受けなくなり、流速は一般流と同じになる。板表面から、流速が一般流とほぼ等しくなるまでの流れの層を境界層 Boundary layer という。「流速が一般流とほぼ等しくなる」とは、いろいろな定義があるが、ここでは一般流の流速の99.5%になることとする。境界層外部の流れは、理想流体の流れとみなせる。

平板の前縁から始まる気流は整然と流れ、流線は層状をなしている。この部分の境界層を

層流境界層 Laminar boundary layer という。前縁からある程度下流になると、遷移領域 Transition region が現れ、その後、流れが不規則になり、異なった層の粒子が急速に入り乱れて混合しエネルギーの交換が活発になっている領域になる。この領域を乱流境界層 Turbulent boundary layer という。乱流境界層の、その外部の流れとの境界は、図 4.4 のように大小の凹凸面をなしている。乱流境界層の板面近くでは、平板によって粒子の混合が抑えられて層流のような流れになっている。この部分を層流底層 Laminar sub-layer あるいは粘性底層と呼ぶ。境界層の厚さは平板の前縁では薄く、下流に行くにつれて粘性により減速域が増加するため次第に厚くなり、乱流境界層ではさらに厚くなるものの、その厚さは大型機の主翼で数ミリメートルから数センチメートルであり、極めて薄い。

　層流境界層、乱流境界層のどちらであっても空気には粘性があるため、平板との接触面では流速は 0 になるが、境界層内の速度分布は図 4.6 に示すように異なる。層流境界層では、境界層外縁から板表面まで、流速はゆるやかに減少していく。乱流境界層では、境界層上部から下部へエネルギーが伝達されるため板表面近くまで流速は大きいので、層流底層の速度勾配（板表面からの距離の変化に対する流速変化の割合）は大きくなる。

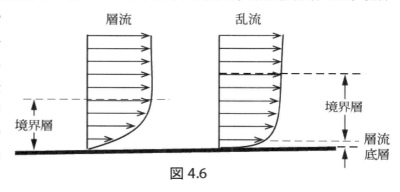

図 4.6

4・6　気流の剥離

　図 4.7 のように、一様な流れの中に置かれた表面が凸面状の物体表面に沿う気流について考えてみよう。凸面の最高点より下流側では、流れの断面積が広くなっていくので、式 (4-2) および式 (4-3) より、流速は減少し、静圧は増加していく。

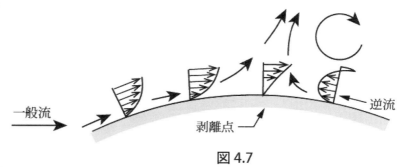

図 4.7

このように流れの方向に対して圧力が増加していく状態を逆圧力勾配にあるという。このとき、境界層内の流れは粘性により下流に行くにつれて運動エネルギーが減少しているので、さらに下流における静圧が増加していると、その圧力に打ち勝つことができず、流れることができなくなり、境界層が表面から離れてしまう。このようにして物体表面に沿って流れていた気流が、途中から表面を離れて流れ始める現象を剥離 Separation といい、剥離が始まる位置を剥離点 Separation point という。剥離点では、表面における速度勾配は 0 になっており、さらに下流では増加する圧力のため逆流する。境界層外の気流は、表面近くの逆流域の外側を流れて行く

ので渦が生じ、この渦を含む剥離した気流が後方に押し流されていく。この物体の後方の流れを後流 Wake という。凸面の曲率があまりに大きいと、気流には慣性があるので表面に沿って流れにくくなり、剥離を起こしやすい。

　一方、最高点より上流側では、流れの方向につれて流れの断面積が狭くなっていくので、流速は増加し、静圧は低下していく。流体は圧力が低い方向に流れる性質があるので、このような状態を順圧力勾配といい、このとき、気流は流れやすく、運動量が保たれるので剥離しにくい。

　乱流境界層では、前に述べたように物体表面近くまで流速が大きく、速度勾配が大きいので速度勾配は 0 になりにくく、層流境界層に比べて剥離しにくい。

第5章　対気速度

対気速度とは、飛行機の空気に対する相対速度であり、下記のものがある。
　1）指示対気速度　Indicated Air Speed (IAS)
　2）較正対気速度　Calibrated Air Speed (CAS)
　3）等価対気速度　Equivalent Air Speed (EAS)
　4）真対気速度　True Air Speed (TAS)
また、対地速度 Ground Speed とは、飛行機の地面に対する速度であり、無風状態では真対気速度 TAS に等しい。

5・1　対気速度の計測と指示対気速度

式(4-3)を変形し、V について解くと、次式が得られる。

$$V = \sqrt{\frac{2(P_t - P_s)}{\rho}} \qquad (5\text{-}1)$$

この式から、全圧 P_t と静圧 P_s の差が得られれば、空気密度 ρ における速度 V を求められることが分かる。

通常、飛行機の対気速度を求める装置として図5.1のようなピトー管 Pitot tube と静圧孔 Static port、および対気速度計から成るピトー静圧系統が用いられる。ピトー管は、気流のなかに開口部を流れ方向に向けて置かれ、管の終末端は対気速度計のダイアフラム Diaphragm に繋がっている。このような形態のため、管に流れ込んだ空気は先がふさがれてい

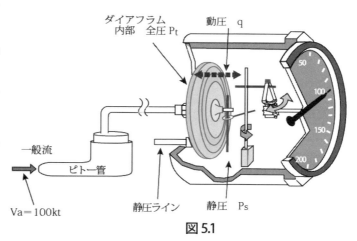

図5.1

るので、開口部で気流をせき止めることになる。そのため、開口部はよどみ点となり、全圧 P_t が測定できる。静圧 P_s は、4・3節で述べたとおり、胴体の $C_p = 0$ となる所に取り付けられた静圧孔で測定する。静圧 P_s は、ダイアフラムを収める密閉されたケースのなかに導かれる。対気速度計の中身は圧力計であり、差圧$(P_t - P_s) = q$ によってダイアフラムの膨らみが変化することにより動圧 q の大きさを指示する。式(5-1)の、残る空気密度が測定できれば、対気速度が計測できる。ところが空気密度を測定するのは難しく、一方、飛行機は高度を変え、また気温も変化するため密度も変化する。そこで、標準大気海面上の環境において、密度 ρ_0、速度 V_a（図5.1では100kt）の一般流のなかにピトー静圧系統を置くと、対気速度計の針は動圧 q：

$(1/2)\rho_0 V_a^2$ の大きさを指示するので、その点を目盛板に V_a（100kt）と目盛れば、この動圧に対応する流速 V_a（100kt）を指示することになる。このようにして計測した速度を指示対気速度 IAS という。

　上述の通り、ピトー静圧系統で測定できるのは動圧であるから、任意の高度における指示対気速度値は必ずしも本当の速度、すなわち真対気速度 TAS ではなく、その速度値に対応する動圧が標準海面上の動圧と等しいことを示しているに過ぎない。つまり、このとき、任意の高度における密度を ρ、TAS を V、IAS を V_i とすると、

$$\frac{1}{2}\rho V^2 = \frac{1}{2}\rho_0 V_i^2 \tag{5-2}$$

であるから、標準海面上では IAS と TAS は一致するが、異なる高度あるいは気温では密度が異なるので両者は一致しない。任意の高度および標準大気温度以外の気温における真対気速度 TAS を求めるためには、その高度での密度の値が必要である。

　式(5-2)より、TAS V と IAS V_i の関係は、空気密度比 ρ/ρ_0 を σ とすれば、

$$\text{TAS} = \text{IAS}\sqrt{\frac{\rho_0}{\rho}} = \text{IAS}\frac{1}{\sqrt{\sigma}} \tag{5-3}$$

となる。

　飛行機に作用する空気力、すなわち揚力や抗力の大きさは動圧に比例する。指示対気速度 IAS は、密度すなわち高度に関係なく動圧の大きさを表すので、同じ IAS で飛行すれば、高度に関係なく作用する空気力は同じである。例えば、IAS で表示された失速速度 V_s は、あまり高度が高くなければ、いずれの高度においても同一である。このことは、飛行機を操縦するときに非常に重要なことなので、指示対気速度 IAS は操縦に用いられる。

　なお、耐空性審査要領では、指示対気速度 IAS は、「海面上における標準大気断熱圧縮流の速度を表すように目盛がつけてあり、かつ、対気速度計系統の誤差を修正していないピトー静圧式対気速度計の示す航空機の速度をいう。」と定義されている。

５・２　位置誤差と較正対気速度

　対気速度を計測するためには、一般流の速度および静圧を測定しなければならない。ところが、４・３節で述べたように、気流のなかに置かれた物体の表面周りの流速や静圧は、必ずしも一般流の速度や静圧と等しくならない。一般流の全圧はピトー管によってかなり正確に測定できるが、静圧孔で測定された静圧は、一般流の静圧とは多少異なる。その理由は、前に述べたように、静圧孔は $C_p = 0$ となる位置に取り付けられてはいるが、その位置が、機体の姿勢あるいはフラップや着陸装置の脚の位置によって機体周りの流れの有様が変わるため変化するからである。この圧力差によって対気速度計に誤差が生じる。この誤差を位置誤差 Position error といい、指示対気速度 IAS を位置誤差と個々の計器が持つ誤差（器差）について補正したものを較正対気速度 CAS という。ただし、最近の速度計は精度が高いので、器差は極めて僅かである。

　上述より、位置誤差を ΔV_p とすると、

第5章　対気速度

$$CAS = IAS + \Delta V_p \tag{5-4}$$

　機体の姿勢は対気速度によって変化するので、IAS に対する器差も含めた位置誤差を、フラップや脚装置の位置に応じて予め測定しておけば、式(5-4)により、任意の IAS に対する CAS を求めることができる。真対気速度 TAS を求めるとき、IAS に含まれる誤差はより大きくなるので、この誤差を補正して CAS を求めるために、対気速度補正 Airspeed calibration データーが各機種の Aircraft Flight Manual (AFM)あるいは Pilot's Operating Handbook (POH)に記載されている。なお、遷音速機（16章参照）では、通常コンピューターによって自動的に位置誤差の修正が行われるので、IAS の指示は CAS と等しい。

　式(5-3)の IAS を CAS に置き換えると、TAS と CAS の関係は、

$$TAS = CAS \frac{1}{\sqrt{\sigma}} \tag{5-5}$$

となり、より正確な TAS を求めることができる。

　較正対気速度 CAS を用いると、機種の違いや機体の姿勢の変化などによる違いに無関係に速度を表示することができるから飛行機の性能を示すのに都合がよいので、AFM の性能欄や耐空性審査要領の速度は、一部を除いて、CAS で表示される。

　耐空性審査要領では、較正対気速度 CAS は、「航空機の指示対気速度を、位置誤差と器差に対して修正したものをいう。海面上標準大気状態においては CAS は真対気速度 TAS に等しい。」と定義されている。

5・3　圧縮性の影響と等価対気速度

　飛行機の速度が高速になると、ピトー管の先端では、流速が急激に 0 になるため、空気は圧縮される。この圧縮された空気がダイアフラムに導かれるので、圧縮されていない空気が流入していたときと比較して、ダイアフラムはより大きく膨らむ。つまり、空気を非圧縮性流体と仮定できたときの全圧 P_t より大きい圧力を受感するため、このとき受感した全圧を P_t' とすると、$P_t = P_t' - \Delta P$ となる。これが圧縮性の影響であり、等価対気速度 EAS は、較正対気速度 CAS に圧縮性の影響を補正したものである。図 5.2 は、圧縮性の補正を表している。図のなかに書かれている式の ΔV_c が、$-\Delta P$ に対応する速度である。

　式(5-2)の IAS：V_i を EAS：V_e に置き換えると、次のようになる。

$$\frac{1}{2}\rho V^2 = \frac{1}{2}\rho_0 V_e^2 \tag{5-6}$$

　式(5-6)は、式(5-2)とは異なり、位置誤差や圧縮性の影響に無関係であり、EAS は、任意の高度における一般流の持つ動圧と等しい動圧が、標準大気海面上で得られる速度であるということを意味するから、高度や圧縮性の影響に関係なく空気力の大きさを示すことになるので、飛行機の構造の強度の基準として用いられる。ただし、実際の飛行に用いられることはなく、理論上の速度と考えてよい。

　耐空性審査要領では、等価対気速度 EAS は、「航空機の較正対気速度を、特定の高度におけ

る断熱圧縮流に対して修正したものをいう。海面上標準大気においては、EAS は CAS に等しい。」と定義されている。

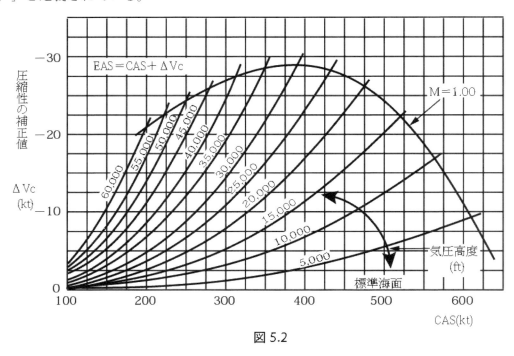

図 5.2

5・4 高度変化と真対気速度

式(5-5)の CAS を等価対気速度 EAS に置き換えると、真対気速度 TAS と EAS の関係は

$$TAS = EAS \frac{1}{\sqrt{\sigma}} \qquad (5\text{-}7)$$

となり、低速飛行時のみならず圧縮性の影響が表れる速度でも成り立つ。ただし、比較的低高度・低速で飛行する場合は、実際には簡便な式(5-5)が使用され、CAS から TAS が算出される。図 5.2 を参考にすると、高度 10,000ft あるいは速度 200kt を超えるときは圧縮性の補正を考えるべきである。

式(5-7)から明らかなように、真対気速度 TAS は、EAS に空気密度比の補正を行ったものである。図 5.3 は、TAS と EAS、$1/\sqrt{\sigma}$ の関係を示している。これによると、密度高度 25,000ft で TAS は EAS の 1.5 倍になることが分かる。このように TAS は、ある高度における飛行機の空気に対する相対速度を示すものであるから、航法に用いられる。すなわち、TAS に風の影響を加えて偏流修正角と対地速度を算出し、目的地までの針路や時間を計算するのである。

式(5-7)は、耐空性審査要領の真対気速度 TAS の定義でも記述されており、それによると、「かく乱されない大気に相対的な航空機の速度をいう。従って、TAS = EAS$\sqrt{\rho_0/\rho}$ となる。ここに ρ は、そのときの大気状態における空気密度をいい、ρ_0 は海面上標準大気の空気密度をいう。」となっている。

また、以上述べたことにより、標準大気海面上では CAS = EAS = TAS となる。

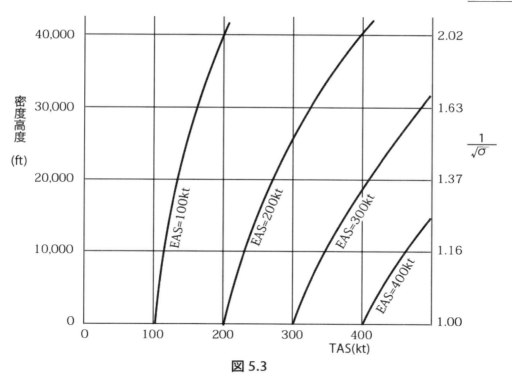

図 5.3

第 6 章　翼型と空気力

　翼型 Airfoil とは、翼の断面のことであり、通常、左右対称の翼の対称面に平行な断面をいう。それで翼断面 Wing section ともいう。翼の周りの流れを考えるとき、翼幅（7・1 節参照）方向の流れがなく、前後方向の流れのみならば、流れの有様は単純になり検討しやすくなる。例えば、翼型が同一で、両側を平行な壁に挟まれて気流に垂直に置かれたときの翼あるいは翼幅が無限大の翼（このような翼を 2 次元翼という）の周りの流れなどでは、翼に端があることにより生じる影響などの翼の平面型による空力的特性への影響を考慮する必要がなくなる。

6・1　翼型に関する名称

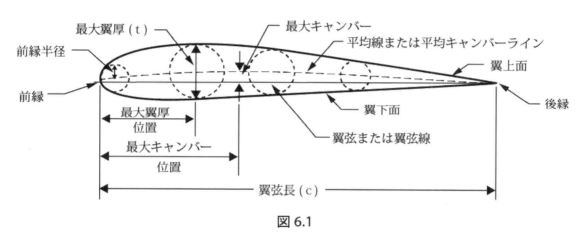

図 6.1

a．前縁 Leading Edge・・・・・・・・・・・・・・・・・・・・・・・・・・・・翼型の最前端
b．後縁 Trailing Edge・・・・・・・・・・・・・・・・・・・・・・・・・・・・翼型の最後端
c．翼弦 Chord または翼弦線 Chord Line・・・・・・・・・・・・・・前縁と後縁を結ぶ直線
d．翼弦長 Chord Length：c・・・・・・・・・・・・・・・・・・・・・・・・・・・・・翼弦の長さ
e．上面 Upper Surface・・・・・・・・・・・・・・・・・・・・・・・・・翼弦より上半分の翼表面
f．下面 Lower Surface・・・・・・・・・・・・・・・・・・・・・・・・・翼弦より下半分の翼表面
g．翼厚 Thickness・・・・・・・・・・・・・・・・・・・・・・・・・・・・・・・・上面と下面との間隔
　　なお、最大翼厚 Maximum Thickness を t で表す。
h．平均線 Mean Line または平均キャンバーライン Mean Camber Line
　　　　　　　　・・・・・・・・・・・・・・・翼型に内接する円の中心を連ねた線
i．キャンバー Camber または矢高、反り・・・・・・・・翼弦線とキャンバーラインとの間隔
　　図 6.1 のように平均線が翼弦線の上方にある翼型をキャンバー翼型あるいは正のキャンバー翼型といい、翼弦線の下方にある翼型を負のキャンバー翼型あるいは逆キャンバー翼型という。正のキャンバー翼型を単にキャンバー翼型と呼ぶことが多い。キャンバーが 0 の翼型を対称翼型という。

j．前縁半径 Leading Edge Radius・・・・・・・・・・・・・・・・・・・・・・・・・・前縁に内接する円の半径

次のものは、一般的に翼弦長に対する百分比で、例えば10％ｃのように表される。
① 最大キャンバー Maximum Camber　　キャンバーと略称されることがある。
② 最大キャンバー位置
③ 翼厚比・・・最大翼厚と翼弦長との比：t／c
④ 最大翼厚位置
⑤ 前縁半径
⑥ 翼弦上の点

なお、この章では特に断りがない限り、正のキャンバーをもつ翼型を対象とする。

6・2　圧力分布と空気力

一様な気流のなかに翼型を置くと、図6.2のように、その周りの流れは翼型に力を及ぼす。この力は、翼型の各部に作用する圧力と、摩擦のために各部に生じるせん断応力（以下、摩擦力という）によるものである。圧力は翼型の表面に垂直方向に、摩擦力は翼型の表面に平行方向に働く。この力による各部における圧力あるいは圧力係数 C_p を測れば、翼型の表面に沿った圧力分布（風圧分布）が求められる。図6.3は、ある翼型の迎え角（図6.4参照）が4°および10°のときの圧力分布である。翼型に向かう矢印は外気圧より大きい圧力（正圧）を、翼型から外に向かう矢印は外気圧より小さい圧力（負圧）を表している。上面の流速は徐々に加速して最大翼厚位置の手前付近で最大になるので、静圧は外気圧より徐々に小さくなって最大速度位置付近で最小になる。下面の気流は、前縁のよどみ点付近で流速が減少するため前縁近傍で静圧が大きくなっている。翼型上下面各部におけるこれらの圧力の合力を空気力という。

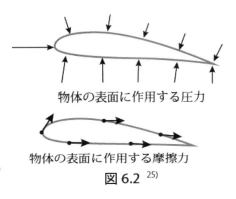

図 6.2 [25)]

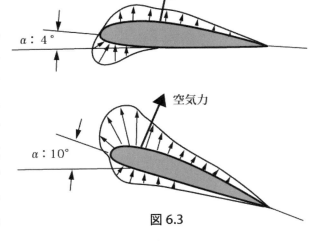

図 6.3

空気力 R は、図6.4に示すように作用し、一般流に垂直な成分と一般流に平行な成分とに分けられ、垂直成分が揚力 Lift：L、水平成分が抗力 Drag：D である。空気力が作用する翼弦上の点を風圧中心または圧力中心 Center of Pressure といい、CP と略記する。ここでは翼型に作用する空気力について述べているが、翼全体に作用する空気力という場合は、翼型に作用す

る空気力の翼幅方向を含む翼平面型全体についての合力のことである。また、一般流に対する翼弦の角度を迎え角 Angle of attack といい、αで表す。

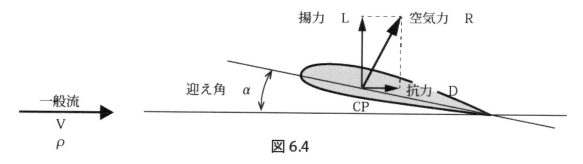

図6.4

揚力 L および抗力 D は、翼型に作用する圧力と摩擦力によるものであるから、一般流の速度 V、空気密度 ρ、迎え角 α、翼型の形状などの関数になり、翼幅方向を考慮した翼全体について考えるときには、翼面積 S（7・1節参照）もこれに含まれる。揚力 L および抗力 D は、一般流が持つ運動エネルギーを示す動圧と翼面積に比例するから、これに L については揚力係数 C_L、D については抗力係数 C_D を乗じたもので表される。すなわち、ここでは翼型について考えているので、翼弦長 c と単位幅 1 からなる翼面積（c×1）を S とすると、揚力および抗力は次式で表される。

揚力式 $\qquad L = \frac{1}{2}\rho V^2 S C_L \qquad$ (6-1)

抗力式 $\qquad D = \frac{1}{2}\rho V^2 S C_D \qquad$ (6-2)

揚力係数 Lift coefficient：C_L および抗力係数 Drag coefficient：C_D は、迎え角 α、翼型の形状、レイノルズ数の影響を表すものである。上記の式による計算結果は実測値とよく一致している。

6・3 風圧中心

前縁から風圧中心 CP までの距離 l と翼弦長 c の比、すなわち l / c を風圧中心係数といい、風圧中心の位置はこれにより表される。図 6.3 で示したように、圧力分布は迎え角によって変化し、正のキャンバー翼型では、迎え角 α が大きくなるにつれて前縁付近の気流が大きく加速されるため大きな負圧を生じるので、CP は翼弦上を前方に移動し、逆に α が小さくなるにつれて後方に移動する。しかしながら、空力中心 AC（12節参照）より前方に進むことはない。またキャンバーが大きい翼型の方が、同一の揚力係数 C_L の変化量に対し、CP は大きく移動する。以上述べたことを示すのが、揚力係数 C_L、すなわち迎え角と CP の位置の関係を表した図 6.5 である。CP が大きく移動すると、飛行機の空力的安定性および操縦性を損なうので、実際の翼のキャンバーは大きくても 4％c 程度である。対称翼型では、CP は 25％c 付近にあり、迎え角による移動はほとんどない。

風圧中心 CP は、ある気流のなかにおける空気力が作用する点であるから、当然、風圧中心

回りの空気力によるモーメントは存在せず、その点で支えれば釣り合って翼型の姿勢は変化しない。このことは、ある物体の各部分に働く重力の合力が作用する重心とその物体全体に働く重力の関係と同様である。空気力によって翼型に生じるモーメントを縦揺れモーメントという。風圧中心は、縦揺れモーメントが0の翼弦上の点といえる。

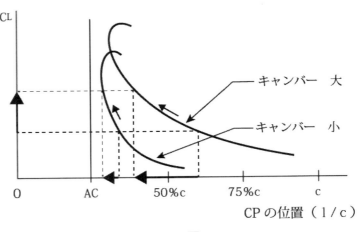

図 6.5

6・4 循環と揚力

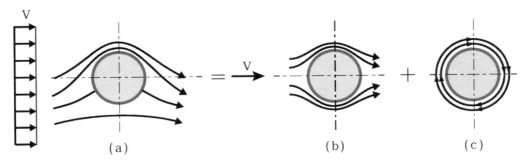

図 6.6 5)

　一様な流れのなかに、流れに垂直に置かれた円柱の周りの流れのパターンは、図6.6の(b)のように円柱の上方と下方について対称なので、流れに対して垂直方向の力は生じない。流れがなく静止した空気のなかで円柱を時計回りに回転させると、(c)のように粘性のために円柱の周りの空気も引っ張られて循環Circulationが生じる。一様流のなかで円柱を回転させると、流れは両者を重ね合わせた(a)のようになり、上方の気流の速度は下方の気流の速度より大きくなる。従って、ベルヌーイの式(4-4)より、上方の静圧は下方の静圧より小さくなるので、円柱には上方に向かう力が働く。これをマグナス(Magnus)効果という。マグナス効果は球でも生じる。野球のピッチャーは、ボールを様々な向きに回転させ、このマグナス効果を利用して変化球を投げている。

　翼は円柱やボールのように回転はしないが、その周りにも循環が発生する。これについて実験で次のことが観察された。図6.7の(a)は、静止流体中に置かれた翼が動き始めた瞬間の流れの有様を示している。翼面の前方の点のAと後方の点Sがよどみ点であり、粘性の作用はすぐには出てこないので、後縁では下面から上面に回り込む流れが現れる。このときには翼の周りに循環はないから、その値は0である。(b)は、(a)の次の瞬間を示している。後縁は鋭い角度になっているため、粘性により、流れは下面から上面に回り込むことができなくなり点Bか

ら剥離する。(c)は、さらに
時間が経過した状態を示し
ている。上面と下面に沿った
流れは後縁で合流して滑ら
かに流れ、剥離部分は時計回
りの渦となって下流に押し
流される。この渦を出発渦と
いう。こうして反時計回りの
循環が発生するが、翼が動き
出す前の循環の値が 0 であ
るから、「ある閉曲線に沿っ
た循環は、時間が経過して閉

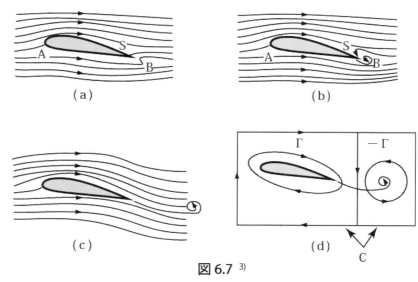

図 6.7 [3)]

曲線が流れとともに移動しても、その循環の値は変化しない」というケルヴィン(Kelvin)の循
環定理によれば、翼と出発渦を囲む閉曲線 C に沿った循環の運動後の値も 0 でなければならな
い。従って、反時計回りの循環の強さと等しい時計回りの循環が翼の周りに存在することにな
る。循環は Γ で表されるので、(d)に示されるように、出発渦の循環を $-\Gamma$ とすると、翼の周り
の循環は Γ となる。翼型の上面の流れと循環流はほぼ同じ方向に流れるので、上面の流れは加
速され、反対に下面の流れは減速される。このように一様な気流のなかに置かれた翼型の周り
に循環が表れることによって、翼型の上面の流速は下面の流速より大きくなる。図 6.8 はこの
ことを示しており、翼型の前方（図の左）から流れ始めた空気流が翼上面と下面に分かれ、上
面の気流の流速の方が大きいので下面の気流より後方に到達している。この結果、ベルヌーイ
の定理より翼型の上面では圧
力が小さく、下面では圧力が大
きくなり、流れに垂直方向の力
が働く。この垂直方向の力が揚
力 L であり、揚力はこうして発
生する。揚力 L は一般流の流速
V と循環の強さ Γ に比例するこ
とをクッタ(Kutta)とジュー
コフスキー(Joukowski)が示
したので、これをクッタ・ジュ
ーコフスキーの定理という。

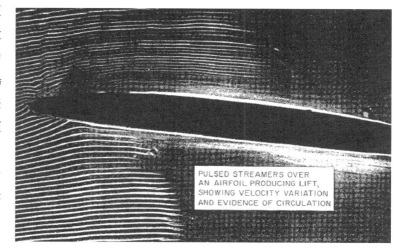

図 6.8

6・5 抗力

抗力とは、前に述べたように、物体に作用する力の一般流に平行な方向の成分である。図 6.9
は、翼型のある一点に働く摩擦力と圧力、およびその流れに平行方向の成分である摩擦抗力

Friction drag と圧力抗力 Pressure drag を表している。圧力抗力は、物体の形状や流れに対する姿勢に大きく影響されるため形状抗力 Form drag とも呼ばれる。図 6.2 のように翼型の各点で摩擦と圧力が作用しているから、これらによる摩擦抗力と圧力抗力を翼型全体に渡って積分した（まとめた）ものが翼型の摩擦抗力と圧力抗力になる。

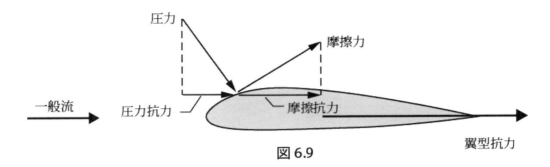

図 6.9

摩擦抗力の原因は、4・5 節で述べたような過程で摩擦のために生じたせん断応力（摩擦力）である。乱流境界層では表面近くまで流速が大きいため翼型を後方に引っ張る力、すなわち摩擦力が大きいので層流境界層に比べて摩擦抗力が大きくなるから、できる限り層流を保つことが摩擦抗力を減らすことになる。この観点から開発されたのが 11 節で述べる層流翼型である。圧力抗力は、翼型の前面では流速が減速されるため圧力が上昇し、後面の圧力より大きくなることによって生じる。特に 4・6 節で述べた気流が剥離している状態では、エネルギーの低い剥離領域の圧力は低くなるので、前後面の圧力差がより大きくなって圧力抗力は急増する。

レイノルズ数が小さいと、物体に沿った流れの最小圧力点の下流で層流状態のまま剥離を起こし、剥離領域を形成する。一方レイノルズ数が大きくなると、上記の層流剥離部分は乱流に遷移して剥離領域が狭くなるので、レイノルズ数が大きい方が圧力抗力は小さくなる。また層流状態で剥離すると、乱流状態で剥離する場合に比べて抗力係数が大きくなる。ゴルフ・ボールの表面に多数のディンプルと呼ばれるくぼみをつけるのは、これによって表面の境界層を意図的に乱流境界層にして剥離を遅らせて圧力抗力を減らし、抗力係数を小さくするためである。

翼型の抗力は、上述の摩擦抗力と圧力抗力から成り、これを翼型抗力 Profile drag という。翼型抗力は 2 次元翼で生じる抗力であるが、実際の翼は 2 次元翼ではなく、翼に端があるので、これによって生じる抗力が付加される。この抗力を誘導抗力（7・4 節参照）という。

6・6 揚力係数および抗力係数と迎え角

揚力係数 C_L および抗力係数 C_D と迎え角 α の関係について考察してみよう。図 6.10(a) は、迎え角 α と揚力係数 C_L との関係を示す曲線で揚力曲線 Lift curve といい、図(b)は迎え角 α と抗力係数 C_D との関係を示す曲線で抗力曲線 Drag curve という。図(a)揚力曲線の α_0 は C_L が 0、すなわち揚力が 0 のときの迎え角を表し、零揚力角 Angle of zero lift という。$C_{L\text{-max}}$ を最大揚力係数といい、α_s は最大揚力係数 $C_{L\text{-max}}$ に対応する迎え角で、失速角 Stall angle という。

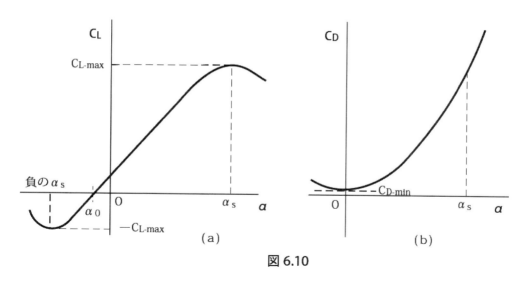

図 6.10

　迎え角が零揚力角より小さくなると、翼には下向きの揚力が生じて揚力係数は負の値になり、迎え角が小さくなるにしたがって負の方向（$-C_L$）に増加し、ある迎え角のとき負の最大値となる。このときの迎え角が下向きの揚力の失速角であり、揚力係数$-C_{L\text{-max}}$に対応する。迎え角がそれより小さくなると、揚力係数は増加に転じる。揚力曲線は、ある迎え角まではほぼ直線であり、αの変化に対するC_Lの変化の割合：$\Delta C_L/\Delta\alpha$を揚力曲線勾配 Slope of lift curve あるいは揚力傾斜という。大きな迎え角では直線からずれてくるが、これについては8節で述べる。図(b)抗力曲線の$C_{D\text{-min}}$を最小抗力係数という。図(a)、(b)から明らかなように、C_LおよびC_Dは迎え角αが大きくなるにつれて大きくなる。C_Lについては、気流に沿った翼上面の曲率が大きくなるため流速が増し、上下面の圧力差が増大するからである。また、C_Dについては、翼型の気流に対する前面面積が大きくなるので、圧力抗力が増大するからである。

6・7　極曲線と揚抗比

　図 6.10(a)(b) から分かるように、任意の迎え角αに対して揚力係数C_Lと抗力係数C_Dがそれぞれ決まるので、迎え角をパラメーターとしてC_LとC_Dとの関係を示す曲線が描ける。これが、図 6.11 に示した極曲線 Polar curve である。

　揚抗比 Lift to drag ratio とは、揚力と抗力の比 L/D である。従って、式(6-1)および(6-2)より、

$$\frac{L}{D}=\frac{C_L}{C_D} \qquad (6\text{-}3)$$

となり、極曲線は任意の迎え角における揚力係数C_Lと抗力係数C_Dの値を表しているので、その迎え角のときの揚抗比を極曲線から知ることができる。図から明らかなように、極曲線に対して原点から引いた接線の接点における迎え角のとき、揚抗比は最大となる。このときの揚抗比を$(C_L/C_D)_{max}$あるいは$(L/D)_{max}$で示す。また、図 6.12 は、迎え角αと揚抗比の関係を直接表すもので、揚抗比曲線 Lift to drag ratio curve という。

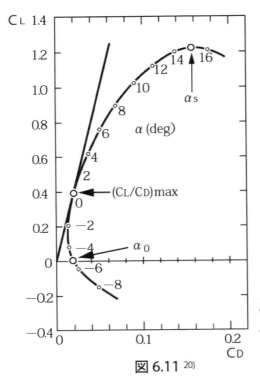

図 6.11 [20]

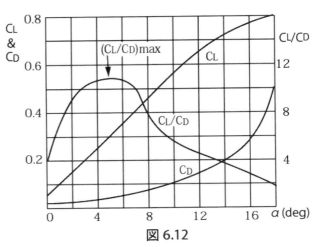

図 6.12

揚抗比は翼の空力的性能を直接表す重要な指標であり、飛行機の性能に深くかかわるので、13章で述べる。

6・8 失速とバフェット

翼の迎え角が大きくなると翼上面の気流の剥離が始まり、迎え角がさらに増加し、ある迎え角、すなわち失速角 α_s を超えると剥離によって揚力は急減し、抗力は増加する。この状態を失速という。主翼が失速すると、機体の重量を支えるのに十分な揚力が発生せず、高度を維持できなくなる。一般に気流の剥離は流れの断面積が広がる後縁部から始まり、剥離点は迎え角が大きくなるにつれて前方に移動するため剥離領域は広がる。従って、図6.13に示す揚力曲線勾配は直線から徐々に逸れて勾配が緩やかになる。この直線からのズレの大きさは、剥離領域の広がり、すなわちバフェットの強さを示している。

バフェット Buffet は、飛行機が失速に近づいたとき、気流の剥離にともなう後流が、主翼を振動させ、また尾翼、特に水平尾翼に当たって振動させることによって起こるものである。このように低速で迎え角を大きくしたときに生じるバフェットに対し、高速時に空気の圧縮性によって生じる剥離にともなうものを高速バフェット High speed buffet あるいは Mach buffet（16章参照）という。

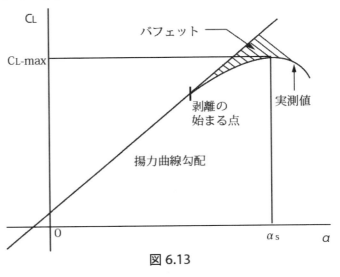

図 6.13

失速は、失速角 α_s を超えた迎え角になった状態である。失速速度（13・1 節参照）は飛行状況によって変化するが、失速角を超えると、飛行速度、機体重量、エンジン出力などに関係なく失速する。厳密には、飛行速度が大きくなるとレイノルズ数が大きくなるので失速角は大きくなるのだが、飛行機を操縦するときは、実用上このように考える方が安全である。失速速度より大きい速度で飛行していても、急激にエレベーターを機首上げ方向に操作すると、飛行機の姿勢は機首上げになるものの飛行経路はすぐには変化しないから大きな迎え角になり、その結果、失速角を超えれば失速する。

迎え角 α が失速角 α_s を超えると、揚力係数 C_L が、最大揚力係数 $C_{L\text{-max}}$ から急減する揚力曲線を示す翼型と比較的緩やかに減少する揚力曲線を示す翼型がある。翼型中央部の上面の曲率が少な過ぎると、後方にある剥離点が迎え角の増大につれて急速に前進し、剥離領域が急速に広がって、揚力係数 C_L が最大揚力係数 $C_{L\text{-max}}$ から急減する。このような特性を持つ翼型を失速特性が悪い翼型という。一方、迎え角が増しても剥離領域が徐々に広がれば、揚力係数 C_L は緩やかに減少する。このような特性を持つ翼型を失速特性がよい翼型という。

6・9 揚力係数とレイノルズ数

前述したように、揚力係数 C_L は、揚力特性に対するレイノルズ数の影響を示す。レイノルズ数が大きいと、層流から乱流に遷移するので大きい迎え角でも剥離領域が小さくなり、失速角 α_s と最大揚力係数 $C_{L\text{-max}}$ は大きくなるが、α_s を超えると C_L は急減するため、失速特性は悪くなる（図 6.18 参照）。ただし、ある程度以上のレイノルズ数領域では、レイノルズ数の影響は著しく小さくなる。また、高空では、空気密度が減少するのでレイノルズ数が小さくなるため剥離を起こしやすくなって、失速角は減少する。ただし、10,000ft 程度までの高度であれば、実用上はこの失速角の差を無視することができる。なお、抗力係数 C_D に対するレイノルズ数の影響については、5 節で述べた。

飛行機が飛行しているときの翼型周りの気流では、境界層の遷移点の位置が翼型の形状や表面の滑らかさによって影響されるので、正確なレイノルズ数を定めるのは難しいが、ほぼ 10^6 〜10^8 程度であるから、本書では、特に断らない限り、このレイノルズ数領域における流れを前提として述べる。なお、昆虫が飛行しているときのレイノルズ数は 10^3 程度、鳥の場合は 10^5 程度である。

6・10 翼型の形状

翼型の形状が、揚力係数 C_L および抗力係数 C_D に与える影響とその失速特性は次のようなものである。

（1）前縁半径

図 6.14 の両方の翼型とも最大キャンバーの値と位置が同じであるが、迎え角が小さいときは、前縁半径が大きい翼型は気流に対する前面面積が大きいので、最小抗力係数 $C_{D\text{-min}}$ が大きい。一方、迎え角が大きくなり失速角 α_s に近くなっても、前縁下面から上面にかけ

ての曲率がなだらかなので、気流が前縁を回り込みやすいため剥離しにくい。この結果、失速角および最大揚力係数 C_{L-max} が大きくなる。また同じ理由により、$α_s$ を超えた後も揚力係数の減少は緩やかになるので失速特性はよい。

（2）翼厚比

図 6.15 の両方の翼型とも最大キャンバーの値と位置が同じである。迎え角が小さいときは、上記（1）と同じ理由で最小抗力係数 C_{D-min} が大きい。一般に翼厚比が大きい翼型は前縁半径が大きくなり、また翼上面の曲率が大きくなるので、失速角 $α_s$ と最大揚力係数 C_{L-max} が大きくなる。失速特性は、最大翼厚付近で流速が増すので剥離点の前進が遅くなり、剥離領域の広がりも緩やかになるため良くなる。た

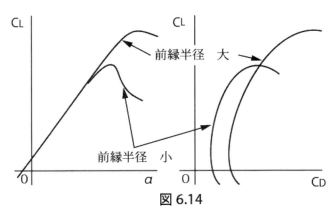

図 6.14

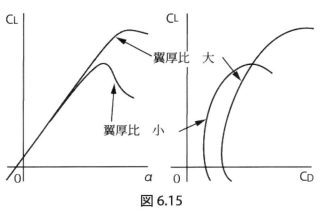

図 6.15

だし、ある翼厚比以上になると、翼上面の曲率が大きくなり過ぎるため剥離が起きやすくなるので、C_{L-max} は低下する。

（3）キャンバー

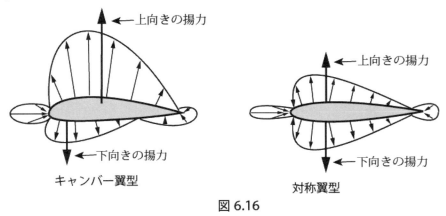

図 6.16

図 6.16 は、迎え角 0 のときのキャンバー翼型および対称翼型の圧力分布と揚力を、図 6.17 は、キャンバーの異なる翼型の揚力曲線を示したものである。迎え角が 0 のとき、キャンバー翼型では翼上面の曲率のため流速が増すので揚力係数 C_L が（＋）、対称翼型では翼上下面の流れが対称のため揚力係数は 0 になっており、負のキャンバー翼型ではキャンバー翼型と逆なので揚力係数が（－）になっている。キャンバーが大きいほど、零揚力角 $α_0$ は

負の方向に増加し、また迎え角が比較的小さいときは、抗力係数 C_D は大きくなる。一方、同じ迎え角のとき、翼上下面の流速差が大きいので C_L および最大揚力係数 C_{L-max} は大きくなり、失速特性もよくなる。ただし、キャンバーがある程度以上になると、翼厚比の場合と同様に C_{L-max} は低下する。失速角 $α_s$ は、キャンバー翼型ではキャンバーが大きいと僅かに小さくなる。

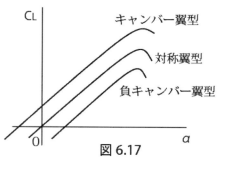

図 6.17

（4）翼弦長

翼弦長が大きい翼は、式(4-7)よりレイノルズ数が大きくなるので、失速角 $α_s$、最大揚力係数 C_{L-max} ともに大きくなるが、失速特性は悪くなる。

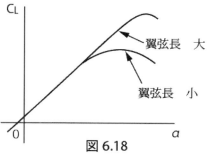

図 6.18

なお、揚力曲線勾配は翼型の形状によらずほぼ一定で、迎え角が 1°増加すると揚力係数 C_L は約 0.1 増加する。勾配はアスペクト比、後退角やテーパー比などの平面形の形状によって変化する。これについては第 7 章で述べる。

6・11 NACA 系翼型

1930 年代、NASA の前身である National Advisory Committee for Aeronautics(NACA)が、当時優れているとされた翼型を研究し、それを分類・整理して 4 つの数字によってその特徴を表す形に系統化した。これが NACA 4 字系列翼型であり、その後、5 字系列、6 字系列、7 次系列翼型に発展した。4 字系列翼型を原型とした翼型は、現在でも比較的低速の小型機で用いられている。4 字系列の対称翼型とキャンバー翼型、6 字系列、7 字系列翼型の例を図 6.19 で示す。

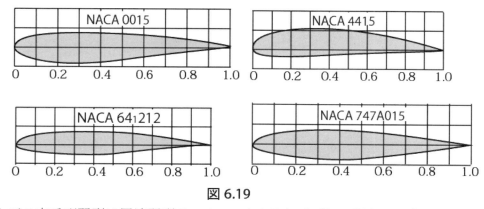

図 6.19

6 字および 7 字系列翼型は層流翼型 Laminar airfoil と呼ばれ、翼上面の曲率を小さくし、曲率の大きい部分を後方に置くことにより、流速を徐々に増加させることで順圧力勾配領域を広げて、前縁からの層流をできる限り後方まで維持して摩擦抗力の減少を図るというものである。そのため、形状の特徴は、前縁半径が小さく、翼厚比が 8〜10％c（4 字系列翼型では 15％c 程

度）と薄く、最大翼厚位置はほぼ翼弦中央の 40〜50% c（4 字系列では 25% c 程度）にあり、最大キャンバーも小さい。この結果、図 6.20 で示される通り、巡航時のように小さい揚力係数（小さい迎え角）のとき、4 字系列翼型に比べて抗力係数が極めて小さくなる。この部分を極曲線の形から抗力バケットという。一方、大きい迎え角のときは層流翼型の利点は失われ、前縁半径が小さい、薄い翼型である、キャンバーが小さいことにより、最大揚力係数 $C_{L\text{-}max}$ および失速角 α_s が小さく、失速特性もよくない。つまり低速時の性能はよくないが、上述の通り高速時の抗力係数が小さいため、第 2 次大戦後期の戦闘機やボーイング 707 型機など初期のジェット輸送機で用いられた。

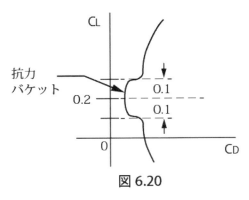

図 6.20

6・12 縦揺れモーメントと空力中心

図 6.21 のように、翼型の翼弦上の点 p を考えると、p 点には風圧中心 CP に働く空気力 R によってモーメントが生じる。これを縦揺れモーメント Pitching moment と呼ぶことについては前に述べた。縦揺れモーメント M は前縁を上げる方向が正（＋）と定義されるから、p 点回りでは負（－）となる。モーメントは力と長さの積であり、縦揺れモーメントは空気力によって生じるもので、その長さは翼弦長 c であるから、p 点回りのモーメントを M_p とすると、

$$M_p = C_{mp} \frac{1}{2} \rho V^2 Sc \tag{6-4}$$

と表される。C_m は縦揺れモーメント係数と呼ばれ、翼型の形状、迎え角、レイノルズ数の関数である。なお、C_{mp} は p 点における縦揺れモーメント係数であることを表している。

図 6.22（横軸 α の原点を零揚力角の値とする）は、あるキャンバー翼型の実験の結果で、p 点の位置を前縁（0%c）から 30% c まで後方に移動させて求めた C_m と迎え角 α の関係である。p 点の位置が 20% c と 30% c の間にあるとき、C_m の値が、図の破線のように迎え

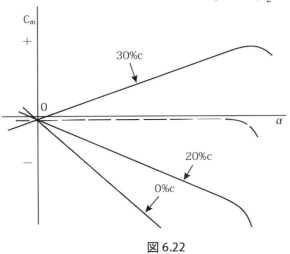

図 6.22

角に対しほぼ一定になる位置がある。この点を空力中心 Aerodynamic center といい、AC と略記する。すなわち、空力中心とは、迎え角 α が変化しても縦揺れモーメント係数 C_m が一定である翼弦上の点である。AC の位置は翼型の形状により異なるが、ほぼ 25% c にある。

ACにおける縦揺れモーメント係数を $C_{m\text{-}AC}$ と表すと、キャンバー翼型では、3節で述べたようにCPは最も前進してもACより後方なので、$C_{m\text{-}AC}$ は負（－）の値をとる。対称翼型では、迎え角が変化しても風圧中心CPは移動しないからCPとACは一致するので、$C_{m\text{-}AC} \cong 0$ である。また、負のキャンバー翼型では、$C_{m\text{-}AC}$ は正（＋）の値をとる。

第7章　飛行機の翼

　ここまでは翼型について検討してきたが、飛行機の翼には端があり、翼幅は有限である。このような翼を有限翼 Finite wing といい、翼周りの流れの有様が翼型のものとは異なるため、さまざまな空力的な影響が生じる。従って、実際の翼の空力的特性を考察するには、上から見た翼の形状、すなわち平面形を考慮する必要がある。

7・1　翼の形に関する名称と定義

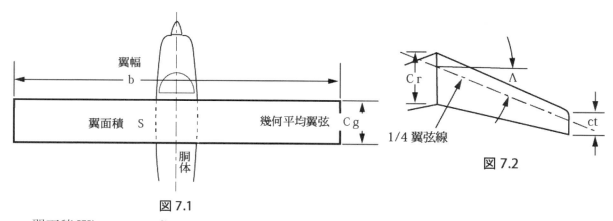

図 7.1　　　　　　　図 7.2

a．翼面積 Wing area：S・・・・・・・・・・・・・・・・・・・・・・・・・・・・・・・・・・・・・翼の最大投影面積
　胴体やエンジンナセルと重なる部分も含まれる。
b．翼幅またはスパン Wing span：b・・・・・・・・・・・・・・・・・・・・・・両翼の翼端の間の距離
c．幾何平均翼弦 Average chord：c_g・・・・・・・・・・・・・・・・・翼面積を翼幅で割った値 $c_g = S/b$
d．翼根翼弦 Root chord：c_r・・・・・・・・・・・・・・・・・・・・・・・・・・・・・胴体の中心線上の翼弦
e．翼端翼弦 Tip chord：c_t・・・・・・・・・・・・・・・・・・・・・・・・・・・・・・・・・翼の先端の翼弦
f．テーパー比または先細比 Taper ratio：λ・・・・翼端の翼弦長と翼中心線の翼弦長の比 $\lambda = c_t/c_r$
　「テーパーが大きい」あるいは「テーパーが強い」という言葉は、先細りの度合いが大きいことを意味し、この場合「テーパー比は小さい」ので混同しないように注意を要する。
g．後退角および前進角 Sweep angle：Λ・・・・機体の横軸と1/4翼弦線（翼型の25% c の点を
　　　　　　　　　　　　　　　　　　　　　　　連ねた線）との角（図7.2は後退角を示す）
h．取付角 Angle of incidence・・・・・・・主翼などの翼型の翼弦線と機体の縦軸に平行な線との角

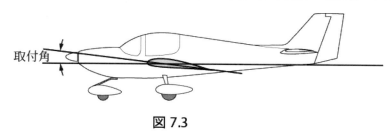

図 7.3

一般に、胴体との接合部の主翼の取付角は2～3°程度である。

i．平面形の種類
　①矩形翼 Rectangular wing
　②テーパー翼 Tapered wing
　③楕円翼 Elliptical wing
　④後退翼 Swept-back wing
　⑤前進翼 Swept-forward wing
　⑥デルタ翼 Delta wing
　　超音速機用
　⑦オージー翼 Ogee wing

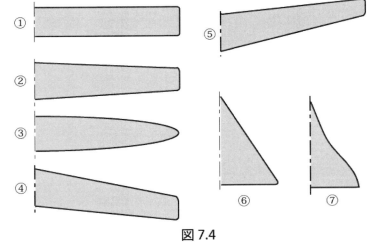

図7.4

なお、1/4翼弦線が機体の横軸と平行な翼を直線翼という。

j．アスペクト比または縦横比 Aspect ratio：A_R ············ 翼幅と幾何平均翼弦の比　b/c_g
従って、上記c．の式より、次式が得られる。

$$A_R = \frac{b}{c_g} = \frac{b}{S/b} = \frac{b^2}{S} \quad (7\text{-}1)$$

アスペクト比を求めるとき、翼面積Sと翼幅bで表すことができるので、矩形翼以外の翼でも使いやすいため、通常、式(7-1)が用いられる。

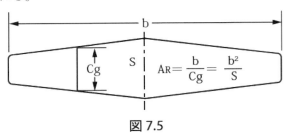

図7.5

k．平均空力翼弦 Mean Aerodynamic Chord：MAC

　片側の翼平面型の面積中心を通る翼弦であり、矩形翼以外では幾何平均翼弦と一致しないので正確には計算により求めるが、翼の平面型によっては、面積中心を求める作図により求めることができる。

　平均空力翼弦は、主翼に働く空気力が作用する翼弦と考えてよいので、式(6-4)のcを平均空力翼弦長に置き換えれば、翼全体の縦揺れモーメントを求めることができる。従って、平均空力翼弦は全機の縦安定性を考えるときに基準となるため、空力的に翼を代表する翼弦といえる。また、平均空力翼弦長は、機体全体の重心位置を表すのに用いられることがある。（第15章参照）

7・2　有限翼の揚力

1節で述べた有限翼の翼面積Sは、式(6-1)の単位幅の面積Sを翼幅分集めたものであるから、有限翼全体の揚力Lは、次のように表される。

$$L = \tfrac{1}{2}\rho V^2 S C_L \quad (7\text{-}2)$$

実際の飛行機の揚力について調べてみよう。重量 W 2,650lb（1,200kg）、翼面積 S 146ft² （13.6m²）の飛行機が標準海面上を 100kt（169[ft/sec]、51[m/sec]）で水平定常飛行するとき、必要な揚力 L は機体重量 W と等しいので、式(7-2)より、

$$2650 = \frac{1}{2} \times 0.002377 \times (169)^2 \times 146 \times C_L \qquad \therefore C_L = 0.53$$

この C_L を得るのに必要な迎え角は約 5°であり（6・10 節参照）、主翼の取付角が 3°であれば、このときのピッチ角（10・2 節参照）は 2°機首上げとなる。

このとき、1 平方 ft 当たりの揚力は W/S =18.15[lb/ft²]（88.24[kg/m²]）となり、1 気圧が 2,116.2lb/ft²（10,332kg/m²）であるから、翼上下面の圧力差は約 0.0086 気圧となる。

この圧力差を得るのに必要な翼上面の加速量は、ベルヌーイの式（式(4-3)）より 41[ft/sec] （12.5[m/sec]）となり、翼上面では、流れはおおよそ 24%程度加速されている。

7・3　翼端渦

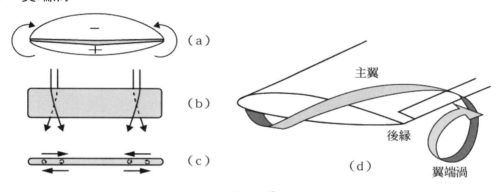

図 7.6 [6]

一様な流れのなかに置かれた翼が揚力を発生するとき、下面の圧力は上面の圧力より高くなっている。これは 6・4 節で述べたように翼型の周りの循環によるもので、この循環の渦を束縛渦という。空気には圧力が高い方から低い方向に流れる性質があるから、有限翼では、下面の空気は翼端を回って上面にあふれ出ようとする（図 7.6(a)）ので、翼端渦 Tip vortex と呼ばれる翼端を回り込む比較的強い渦が発生する（図(d)）。また、そのため下面の流れでは翼根側から翼端に向かい、上面の流れでは翼根側に向かう翼幅方向の速度が生じ（図(b)）、翼の後縁から流出するときに、上下面の間に薄い渦層を形成する（図(c)）。この後縁全体にわたる渦層は、翼端渦に巻き込まれて一体となり、最終的には一対の渦流となって後方に流れて行く（図 7.7）。この渦流も翼端渦と呼ばれることがある。翼端渦が生成されるときにエネルギーが消費されるので、それが抗力の増大、すなわち誘導抗力という形で表れる。また、翼端渦はウェイクターピュランス Wake turbulence の原因

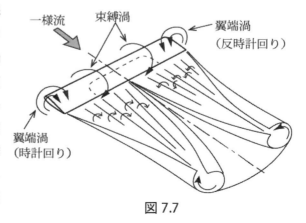

図 7.7

でもあり、特に大型機では後方の航空機に危険をおよぼす恐れがある。（17・3節参照）

7・4 吹き下しと誘導抗力

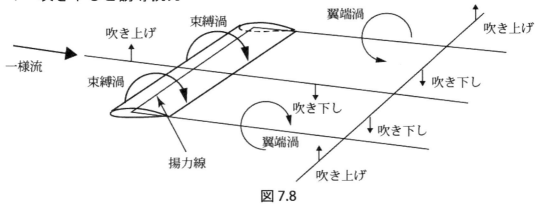

図 7.8

渦は周りの空気を引きずる作用があるので、渦を中心とした回転流ができる。図 7.8 で示されるように、翼端渦による回転流の方向は、翼端外側では下から上向きの流れ、すなわち吹き上げとなり、翼後縁の後方では下向きの流れ、すなわち吹き下し Downwash となって翼後方の気流を下向きに偏向させる。また、翼前縁の前方では、翼周りの循環のために吹き上げ Upwash となっている。これを翼の断面で考えると、前縁前方の吹き上げと後縁後方の吹き下しは、図 7.9 のようになる。吹き上げ、吹き下しの鉛直方向の速度を誘導速度という。揚力線とは、吹き上げ・吹き下しの影響を受けた翼断面の周りの流れは複雑であるから翼を 1/4 翼弦線で代表させたもので、揚力が作用する点を連ねた線である。翼を通過する流れの速度は、吹き下しによって、図 7.9 の点線のように十分前方の一般流の速度との間に角度を持つことになる。こ

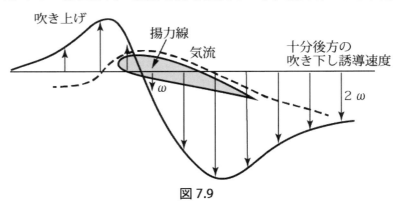

図 7.9

の角度を吹き下し角という。前章で述べた 2 次元翼の翼型周りの流れでは、翼端渦はなく、束縛渦による誘導速度のみである。従って、飛行機が水平飛行しているときのように翼の十分前方の一般流の方向が水平で誘導速度が零ならば、十分後方の一般流の方向も水平となり、誘導速度は零であるから、揚力線における気流の方向は一般流と一致する。揚力は翼を通過する流れに垂直の方向に作用するから、一般流に対して垂直方向に作用することになる。一方同様のとき、有限翼のように束縛渦に翼端渦が加わると、翼の十分前方では一般流の方向は水平で誘導速度は零であるが、後方の吹き下しでは翼端渦の影響で誘導速度はある値を持っている。この値を 2ω とすると、揚力線における誘導速度は、前方および後方の誘導速度の平均値 ω となる。すなわち、揚力線における誘導速度は吹き下しの誘導速度の 1/2 であるから、揚力線で

は、翼を通過する気流は吹き下し角の 1/2 だけ下向きに傾く。この角度を誘導迎え角 Induced angle of attack といい、α_i で表す。揚力の方向は翼を通過する流れの速度 U に対して垂直なので、一般流の速度 V に垂直の方向 L ではなく、誘導迎え角 α_i だけ後ろに傾く。この後傾した揚力 L' の一般流に平行な成分が誘導抗力 Induced drag であり、D_i で表

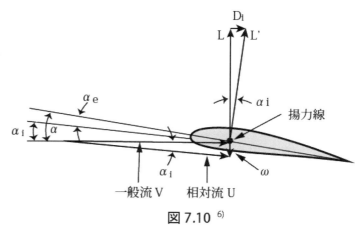

図 7.10 [6]

す。図 7.10 で明らかなように、有限翼では、翼型に有効に働く迎え角 α_e（有効迎え角という）は一般流に対する翼の迎え角 α より誘導迎え角 α_i だけ小さくなる。すなわち、

$$\alpha_e = \alpha - \alpha_i \tag{7-3}$$

となる。有限翼では、十分前方の一般流の方向が水平であっても、後方では吹き下しがあるため、翼が誘導迎え角 α_i だけ下向きの気流のなかに置かれたような状態になるので、その分、揚力の発生に関わる迎え角が小さくなると考えればよい。

このように翼後縁の後方の吹き下しは粘性とは関係なく生じるものであるから、誘導抗力は理想流体の流れでも存在する。また、2 次元翼では翼端渦が存在しないので、誘導抗力は生じない。

7・5 誘導抗力係数

図 7.10 のように一様な流れのなかに置かれた翼の任意の翼断面で考えると、局所誘導抗力 dD_i は、誘導迎え角 α_i が十分小さいので、次式で表される。

$$dD_i = dL \tan \alpha_i \cong dL \cdot \alpha_i$$

ここで最も簡単な楕円翼では、α_i は翼幅に沿って一様（8 節参照）なので、上式は翼全体について成り立つ。従って、翼全体の誘導抗力 D_i は、次の式で表される。

$$D_i = L \cdot \alpha_i \qquad \therefore C_{Di} = C_L \cdot \alpha_i \tag{7-4}$$

ただし、C_{Di} は誘導抗力についての抗力係数で、誘導抗力係数という。

一方、翼前後の運動量変化を考えると、揚力 L は、翼によって流速 V の空気流量が十分後方で速度 2ω の吹き下しが生じた運動量変化の結果として得られたものと考えられるので、この流れにおける吹き下し速度 2ω による時間に対する運動量の変化の割合を求めてみる。楕円翼の場合には、翼面を通過する気流の断面を見ると、図 7.11 のように翼端渦の回転流で覆われていて、翼面の回転流の断面積は、片翼の翼幅 b/2 を半径とする半円 2 つを合わせたものである。

翼面を通過するとき、この回転流の影響を受ける質量流量 m は、断面

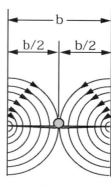

図 7.11

積を S' とすると、

$$m = \rho S'V = \rho \left(\frac{\pi b^2}{4}\right)V$$

となり、速度の変化量は 2ω であるから、時間に対する運動量の変化の割合、すなわち力 F は、

$$F = m \cdot 2\omega = \rho \left(\frac{\pi b^2}{4}\right)V \cdot 2\omega$$

となる。

この力 F が揚力 L であるから、

$$L = \frac{1}{2}\rho V^2 S C_L = F = \rho \left(\frac{\pi b^2}{4}\right)V \cdot 2\omega \quad \therefore \omega = \frac{V S C_L}{\pi b^2} = \frac{V C_L}{\pi A_R} \quad (A_R:アスペクト比) \qquad (7\text{-}5)$$

一方、α_i は十分小さいので、

$$\omega = V\tan\alpha_i \cong V\alpha_i$$

であるから、式(7-5)より、

$$\alpha_i = \frac{\omega}{V} = \frac{C_L}{\pi A_R} \qquad (7\text{-}6)$$

従って、式(7-4)および(7-6)より、

$$C_{Di} = \frac{C_L^2}{\pi A_R} \qquad (7\text{-}7)$$

以上の結果は、最も効率のよい楕円翼の場合であり、その他の翼の場合は、

$$C_{Di} = \frac{C_L^2}{\pi e_w A_R} \qquad (7\text{-}8)$$

と表される。e_w は翼効率と呼ばれ、楕円翼についての式(7-7)を一般の翼に拡張するためのものである。

このように、誘導抗力は、機体に働く重力を支えるために翼が揚力を発生させるときに必ず生じるものであるから、式(7-7)からも分かるように、その大きさは次のとおりとなる。

a．同一の翼の機体で同じ重量の場合、低速飛行時は、迎え角が大きいため、翼の上下面の圧力差が大きくなり、翼端渦が強くなるので吹き下ろし角が大きくなる。従って、誘導抗力は増加する。
b．同一の翼の機体で同じ速度の場合、重量が重いほど誘導抗力が大きい。上記の低速飛行時と同じ理由である。
c．アスペクト比が小さい翼の機体は、翼端渦による回転流の影響が翼中央部まで及ぶので、翼後方の気流のなかの吹き下ろし成分が大きくなるため、誘導抗力は大きくなる。

7・6 有限翼の抗力

翼の抗力 D は、6・5節で述べたように空気の粘性による摩擦抗力および圧力抗力（形状抗力）から成る翼型抗力 D_p と誘導抗力 D_i に分けられる。従って、翼型抗力と誘導抗力の抗力係数をそれぞれ C_{Dp}、C_{Di} とすると、次の式のとおりとなる。

$$D = D_p + D_i \qquad \therefore C_D = C_{Dp} + C_{Di} \qquad (7\text{-}9)$$

空気の粘性によって生じる抗力を有害抗力 Parasite drag といい、翼型抗力は翼の有害抗力である。一方、誘導抗力は空気の粘性と関係なく生じる抗力である。有限翼全体の抗力を計算する際には、必要のない限り 3 つの抗力に分けることはせず、実用的に抗力全体として、揚力と同様に有限翼の翼面積 S を用いて次の式で表す。

$$D = \frac{1}{2}\rho V^2 S C_D \qquad (7\text{-}10)$$

なお、誘導抗力については、本質的には圧力抗力とする考え方があり、一方で圧力抗力でも摩擦抗力でもない全く別の抗力であるという考え方もあるが、本書では、後者の考え方で話を進める。

誘導抗力を減少させる方法として、前節で述べたように、同じ翼面積ならばアスペクト比を大きくすることが効果的であるが、翼幅を長くすると揚力により生じる翼の付け根にかかる曲げモーメント（図 14.1 参照）が大きくなり、この部分の強度を維持するために構造を強化しなければならず、機体重量の増加を招く。重量の増加を抑え翼端渦を弱めるための装置には、翼端板 Wingtip fence やウィングレット Winglet など様々なタイプがあるが、いずれも翼端渦を抑制することで回転後流を小さくして誘導抗力を減少させようとするものなので、アスペクト比を大きくしたのと同じ効果を得ることができ、翼端渦により発生するウェイクタービュランスを弱める効果もある。ただし、翼型抗力は増加する。また、これらの装置は、翼の付け根にかかる曲げモーメントの増加を抑えるため、繊維強化プラスティックなどの軽くて強度がある材料によって製作されてはいるものの、重量は多少増加する。図 7.12 のウィングレットは、断面が翼型をしており、そのため斜め上方に空気力を生じるので、揚力が増加する効果もある。

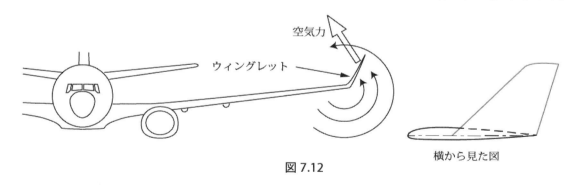

図 7.12

7・7 アスペクト比と後退角の影響

同一の翼型の 2 次元翼と有限翼の揚力曲線を図 7.13(a) に示す。式(7-6)より、同じ揚力係数 C_L のとき、アスペクト比 A_R が小さくなるほど誘導迎え角 α_i が大きくなるので、揚力曲線勾配が小さくなり、失速角は大きくなる。従って、同じ迎え角 α のとき、揚力係数 C_L は減少する。最大揚力係数 $C_{L\text{-}max}$ は、アスペクト比が比較的大きい場合、ほとんど変化しない。また、失速特性はアスペクト比が小さい方が良くなる。これは、アスペクト比が小さいと、翼端渦による回転流の影響が翼中央部まで及び、翼上面の気流にエネルギーを与えるため、失速角前後における剥離領域の広がりが緩やかになるからである。

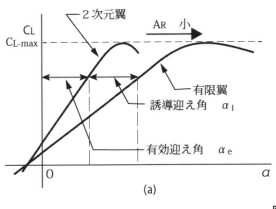
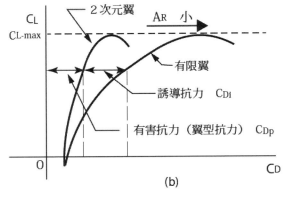

図 7.13

揚力曲線と同様に、極曲線を図(b)に示す。実際の翼の抗力係数 C_D は、式(7-8)と(7-9)より、次のように表される。

$$C_D = C_{Dp} + C_{Di} = C_{Dp} + \frac{C_L{}^2}{\pi e_w A_R} \tag{7-11}$$

従って、同じ C_L のとき、アスペクト比が小さくなるほど C_{Di} が大きくなるので、C_D は増大し、抗力は増加する。

アスペクト比が翼の空力特性に与える影響について図 7.14 に示す。図から明らかなように、アスペクト比 A_R が大きいほど、揚抗比 C_L / C_D は大きくなる。後退角もアスペクト比と同様に空力特性に影響を与える。図 7.15 は、ある翼型の直線翼を後退角 Λ だけ後退させた後退翼が流速 V の一般流のなかに置かれた状態を表している。この場合、

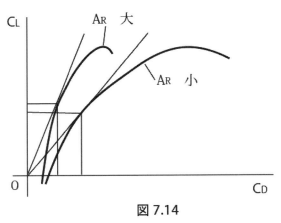

図 7.14

流れの翼幅方向の速度成分 $V \sin \Lambda$ は圧力分布、揚力の発生には関係せず、翼の 1/4 翼弦線 (c/4) に直角方向の速度成分 $V \cos \Lambda$ により揚力が生じる。$V \cos \Lambda$ は V より小さいので、図 7.16 で

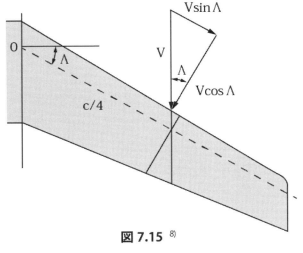

図 7.15 [8)]

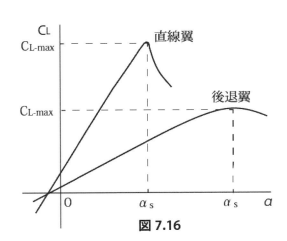

図 7.16

示すように、同じ一般流のなかに置かれた直線翼に比べ、後退翼の方が揚力曲線勾配は小さくなり、最大揚力係数 $C_{L\text{-}max}$ も小さくなる。一方、失速角 α_s は大きくなり、揚力係数 C_L は、$C_{L\text{-}max}$ から比較的緩やかに減少する。

7・8 翼の平面形による失速特性

翼を単位幅の微小な翼に分割し、6・2節で考えたような微小な翼に作用する揚力の揚力係数（翼の局所の揚力係数）を C_l とすると、翼の平面形により、揚力線における吹き下し、有効迎え角、局所揚力係数が異なるため、図 7.17 に示すように翼の失速特性も異なってくる。

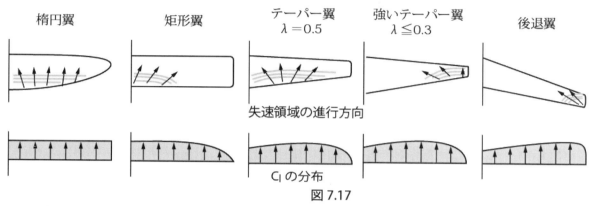

図 7.17

（1）楕円翼

楕円翼では揚力線における吹き下ろしは翼幅に沿って一様なので、誘導迎え角、有効迎え角は一様であるから、局所揚力係数 C_l の分布も一様である。従って、失速は後縁から始まり、前方へ一様に広がっていく。

（2）矩形翼

矩形翼では、翼端部は翼弦長が長いので吹き下ろしが大きく、そのため誘導迎え角が大きくなり、有効迎え角は小さくなる。このため、C_l は翼根部が大きくなるから、失速は翼根部から始まり、外側、前方へ広がっていく。

（3）テーパー翼

テーパー翼ではテーパー比によって失速特性が異なる。穏やかなテーパー（テーパー比 λ=0.5 程度）のときは、片翼の中央部付近の吹き下ろしが小さくなり、有効迎え角は大きくなるので、この部分の C_l が大きくなるから、失速は中央部から始まり、翼全体へ広がっていく。テーパーが強く（$\lambda \leq 0.3$ 程度）なると、翼端付近の翼弦長が短いので、吹き下ろしは小さくなり、有効迎え角は大きくなるので C_l が大きくなるから、失速は翼端部から始まり、内側、前方へ広がっていく。

（4）後退翼

図 7.18 の右図は、後退翼の翼端から見た気流に平行な 3 つの翼断面の上面の圧力分布である。これらの断面に垂直な平面で考えると、後縁付近では翼端側の方がより大きい負圧となっているので、左図のように境界層内の気流は前縁から後縁にかけて外側に偏流する。

このため、流れる距離が長くなるから、粘性によって境界層の厚さは増し、剥離しやすくなる。従って、失速は翼端部から始まり、内側、前方へ広がっていく。

(5) 前進翼

前進翼では、後退翼とは逆に翼根側の方がより大きい負圧となるので、境界層内の気流は内側に偏流するため、失速は翼根部から始まり、外側、前方へ広がっていく。

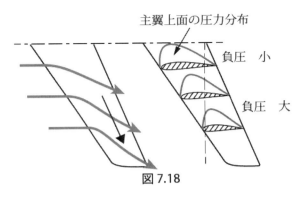

図 7.18

翼端部から失速が始まるのを翼端失速 Wingtip stall という。なお、この傾向があるということと翼全体の失速角の大小とは関係がないことに注意してもらいたい。

7・9 翼端失速と防止策

図 7.19 は、水平直線飛行している飛行機を正面から見た左右の翼の翼幅方向の揚力分布である。lは、片翼の揚力の作用点と機体の縦軸(前後軸)との距離である。例えば左翼が翼端失速すると、左翼の揚力は右翼の揚力 L / 2 より小さくなり、また揚力分布は翼根方向に偏って機体の縦軸に近づき、lは小さくなる。従って、揚力による機体の縦軸回りのモーメント（横揺れモーメント（10・2 節参照））を考えると、左翼のモー

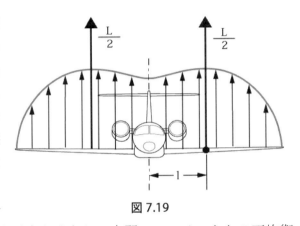

図 7.19

メントは翼根部が失速している場合と比べて減少が大きくなり、右翼のモーメントとの不均衡は大きくなるため、機体はより大きく左へ横揺れする。このように、翼端部から失速すると、飛行機の横安定を大きく損なうので、平面形による失速特性としては、翼根部から失速する方が好ましい。前節で述べたように、翼のテーパー比を大きくすることは翼端失速を防ぐ有効な方策であり、この点で矩形翼は優れているが、翼効率が劣る。テーパー翼は、翼効率に関して楕円翼に近く優れており、テーパー比が小さ過ぎなければ、翼端失速の傾向もほとんどない。加えて、構造強度の確保の点でも有利であるから、最近の飛行機の主翼は、一般に穏やかなテーパー翼が用いられている。しかしながら、何らかの力が加わって飛行機に横揺れが生じたとき、下がる側の翼が翼端失速すると、横揺れが一層増大し、自転状態からスピン（きりもみ）を起こすことがある（17・2 節参照）。この状態は非常に危険なので、翼端失速を防ぐために次のような対策が施されている。

a. 幾何的捩り下げ Wash out (geometric)

翼端側に向けて翼を捩り下げ、翼端部の取付角を翼根部より小さくし、翼端部の有

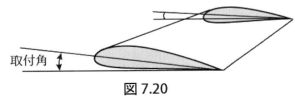

図 7.20

効迎え角を小さくする。これにより、翼根部から失速が始まる。

b．空力的捩り下げ Wash out (aerodynamic)

翼端部と翼根部の翼型を変え、翼端部を翼根部より失速角が大きい翼型にする。これにより、翼根部から失速が始まる。

c．ストールストリップ Stall strip

ストールストリップは、三角形の断面をしており、翼前縁に取り付けると前縁半径を小さくする効果がある。これを翼根部に取り付け、この部分から失速が始まるようにするもので、小型機に用いられる。

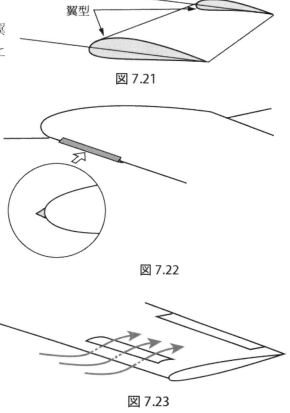

図 7.21

図 7.22

d．スロット Slot、スラット Slat

スロットは、翼下面から上面への気流の通路を確保するための隙間で、これを翼端部前縁の少し後方に設け、大きな迎え角になったとき、翼下面から上面への気流が翼上面の境界層にエネルギーを与えて剥離を遅らせるものである。スラットは、前縁を可動にし、大きな迎え角になったとき作動させて隙間を作り、スロットと同様の効果を得るものである（8・7節参照）。両者とも主に大型機で用いられる。

図 7.23

e．渦流発生装置

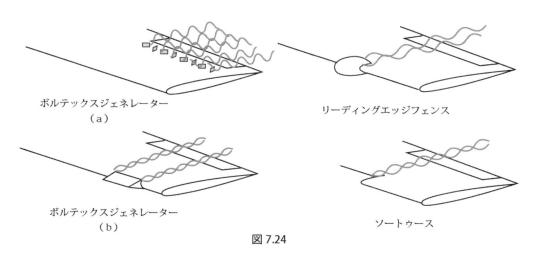

図 7.24

渦流発生装置には、ボルテックスジェネレーター Vortex generator、リーディングエッジフェンス Leading edge fence、ソートゥース Saw tooth などがあるが、いずれも翼端部に設け、エネルギーの大きい渦を発生させて翼上面に流すことにより境界層の厚みの増加

を抑えて剥離を遅らせ、翼端失速を防ごうとするものである。ボルテックスジェネレーター (b) は小型機用で、このほかのものは大型機にも用いられる。

f．境界層フェンス Boundary layer fence

前節で述べたように、後退翼では境界層内の気流が翼端側に偏流する。境界層フェンスは、この偏流を抑えて翼端での剥離を遅らせようとするものである。

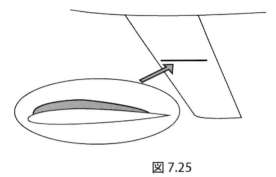

図 7.25

これらの対策で、幾何的捩り下げと空力的捩り下げは、併用されることがあり、小型、大型機、また直線翼、後退翼機に関わらず用いられる。境界層フェンスは後退翼機に用いられる。

なお、小型機では、普通、後縁フラップは翼根部にのみ装備されているので、後縁フラップを下げると、局所揚力係数 C_l の分布は翼根部が大きい形になる（図 12.18 参照）。このため、失速はこの部分から始まるので、翼端失速しにくくなる。

第8章　全機の空力特性

　ここまでは翼の空力特性について述べてきたが、飛行機は主翼、胴体、尾翼、エンジンナセル、着陸装置（口絵参照）などから構成されている。この章では、これらを組み立てた飛行機全体（以下、全機という）の空力特性について考えてみる。

8・1　全機の揚力と抗力

　一般の飛行機では、その主翼の胴体部分の揚力は胴体があるために全くなくなるというわけではなく、また胴体自身も迎え角が大きくなると多少の揚力を発生するので、同一の迎え角において、全機の揚力係数 C_L は、主翼単独の揚力係数とほとんど等しい。一方、抗力係数 C_D の値について同様に比較すると、全機の C_D は主翼単独の C_D より増加している。従って、全機については、抗力のみが変化すると考えてよいので、全機の抗力について考える。

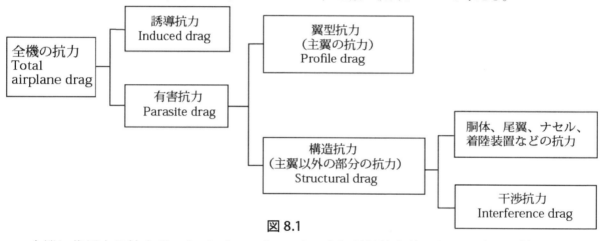

図 8.1

　全機に作用する抗力 Total airplane drag は、空気が粘性を持つために生じる抗力、すなわち摩擦抗力および圧力抗力から成る有害抗力 Parasite drag と揚力に関連した誘導抗力に分けられる。このうち有害抗力は、その発生する個所によって、主翼に生じる翼型抗力と主翼以外の部分に生じる構造抗力 Structural drag に分けられる。全機の有害抗力は、個々に単独で測定した主翼の翼型抗力と主翼以外の部分の有害抗力を合算したものより大きくなる。この差にあたる抗力を干渉抗力 Interference drag という。すなわち、構造抗力は、胴体、尾翼、エンジンナセル、着陸装置（降着装置）、アンテナなどに生じる主翼以外の部分の有害抗力と干渉抗力から成る。

8・2　有害抗力

　上述のように、全機の抗力 D は全機の有害抗力 D_p と誘導抗力 D_i から成るので、それぞれの抗力係数を C_{Dp}、C_{Di} と表すと、翼の抗力の場合（式(7-9)）と同様に次式のようになる。

$$D = D_p + D_i \qquad \therefore \ C_D = C_{Dp} + C_{Di} \qquad (8\text{-}1)$$

有害抗力係数 C_{Dp} は、迎え角によって変化し、その変化量は、ほぼ揚力係数 C_L の 2 乗に比例する。また、零揚力角付近の迎え角のとき最小になるので、このときの有害抗力係数を $C_{Dp\text{-}min}$ で表すと、C_{Dp} は近似的に次の式で表される。

$$C_{Dp} = C_{Dp-min} + kC_L^2 \qquad\qquad (ただし、k は定数)$$

従って、式(8-1)は、上式と式(7-8)より、次のように表される。

$$C_D = (C_{Dp-min} + kC_L^2) + \frac{C_L^2}{\pi e_w A_R} = C_{Dp-min} + C_L^2 \left(\frac{k\pi e_w A_R + 1}{\pi e_w A_R}\right) = C_{Dp-min} + \frac{C_L^2}{\pi e A_R} \qquad (8\text{-}2)$$

ただし、$e = \frac{1}{k\pi A_R + (1/e_w)}$ であり、e を飛行機効率あるいは機体効率という。飛行機効率 e は、迎え角による機体各部の C_{Dp} の変化および 7・5 節で述べた翼効率 e_w の気流の干渉による減少（4節参照）などを修正する係数である。零揚力角付近の迎え角のとき、$C_L \cong 0$ となるので、式(8-2)より $C_D \cong C_{Dp-min}$ となる。一方、抗力係数 C_D はこのときに最小になるので、全機の最小抗力係数 $C_{D\text{-}min}$ は、ほぼ $C_{Dp\text{-}min}$ に等しいといえる。

有害抗力係数 C_{Dp} は、物体の形状によって異なる。気流に接する表面面積が大きい形状ならば、摩擦抗力が大きくなり、剥離を起こしやすい形状ならば、圧力抗力が大きくなる。C_{Dp} を小さくするのには、次のような方法がある。

① 突起物を減らして機体全体および機体の各部分の表面の曲率をなだらかにする、すなわち流線型化する。
② 機体の表面を滑らかにする。例えば、主翼の外板を留めるリベットを頭が平らなフラッシュリベットにして表面と同一面にする。
③ 気流に対する機体の前面面積を小さくする。
④ 干渉抗力を減らす。（4節参照）

8・3 流線型

流線型とは、魚を上から見た形のように、前端は丸みをおび、厚さは比較的前方で最大になり、後端は鋭角になっている形状で、最も有害抗力係数 C_{Dp} が小さくなる。そこで、エンジンをカウリングで覆う、着陸装置を引込み式にする、アンテナを流線型にしたり、胴体内部に収納する、などの流線型化の方法がとられている。図 8.2 の上図のような回転体は、ほぼ流線型になり、その長さと最大直径の比 l/d を長短比 Fineness ratio という。下図は、迎え角 0 のときの長短比と有害抗力 D_p の関係を表す。長短比が大きくなるにつれて回転体の表面積が大きくな

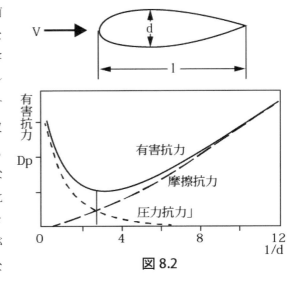

図 8.2

るので、摩擦抗力が増加する。逆に、長短比が小さくなるにつれて回転体表面の曲率が大きくなるので、最大直径位置の後方で気流の剥離が生じ、圧力抗力が増加する。長短比が 2.5 程度のとき流線型の回転体の D_p は最小になるが、実際の飛行機では、搭載容量を確保しなければならないので、長短比はこれよりかなり大きく 10 程度である。従って、全機の有害抗力のなかでは、圧力抗力より摩擦抗力の占める割合がかなり大きい。大型ジェット輸送機を例として挙げれば、巡航時における全機の抗力の 50％は摩擦抗力、10％弱が圧力抗力で、残りの 40％強は誘導抗力が占める。

8・4　干渉抗力

　一様な流れのなかに複数の物体が近接して置かれると、それぞれの物体の周りの流れはお互いに影響し合うため、個々の物体が単独で置かれたときと比べ、流れの有様が異なってくる。胴体と主翼、主翼と多発機のエンジンナセル Engine nacelle などの結合部や複葉機の主翼の間は、このような状態になり、各部分の圧力分布や境界層が相互に干渉して抗力が増加する。この抗力の増加分を干渉抗力 Interference drag という。

　例えば、円形断面の胴体と低翼の組み合わせの場合、図 8.3 のように、胴体と主翼の結合部分では、翼上面の流れの断面積が後縁へ行くにしたがって広くなる。このため、境界層は剥離しやすくなるので、大きな迎え角のとき、バフェットを生じて抗力は大きくなり、また最大揚力係数 $C_{L\text{-}max}$ は小さくなる。

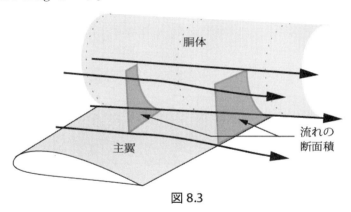

図 8.3

　干渉抗力を減少させるためには、胴体と翼（尾翼も含む）、主翼とエンジンナセルなどの結合部分で、流れの断面積の急激な増加による気流の剥離が生じにくくするように整形する必要がある。このような整形をフェアリング Fairing という。特に、円形断面の胴体をもつ低翼機では、胴体と主翼の結合部に図 8.4 に示すようなフィレット Fillet と呼ばれる整形用のカバーを取り付ける。フィレットは、胴体との結合部の前縁のよどみ点では圧力が急増するため、胴体の側面に沿った気流の境界層が剥離を起こしやすくなるので、この部分も整形するために、翼後縁だけではなく、前縁から後縁にかけて取り付けられている。

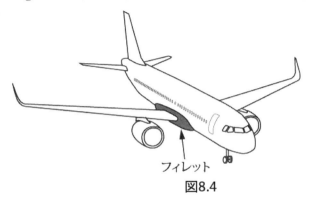

図8.4

　図 8.5 に示されるように、フィレットの効果により、干渉抗力は減少し、最大揚力係数 $C_{L\text{-}max}$

は大きくなり、バフェットの発生が遅れ、低速時の安定性、操縦性が良くなる。小型機に多く見られる翼との結合部を箱型断面の胴体にしている機体や中翼機および高翼機では、流れの断面積が急増する部分がないので、フィレットは必要ない。また、多発機では、エンジンナセルの後方を膨らませて流れの断面積の急激な増加をなくすようにしている機体もある。

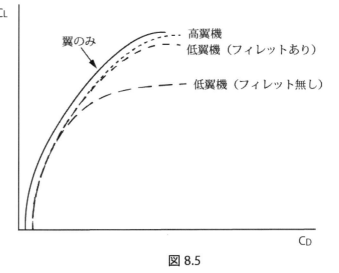

図 8.5

8・5 全機の抗力

水平定常飛行中は L=W であること（図 8.8 参照）を考慮し、V_e を EAS で表した対気速度とすると、式(8-1)、(7-8)、(7-2)、(5-7)より、全機の抗力 D は次の式で表される。

$$D = D_p + D_i = \left(\frac{1}{2}C_{Dp}\rho S\right)V^2 + \left(\frac{2W^2}{\pi e_w A_R \rho S}\right)\frac{1}{V^2}$$

$$= \left(\frac{1}{2}C_{Dp}\rho_0 S\right)V_e^2 + \left(\frac{2W^2}{\pi e_w A_R \rho_0 S}\right)\frac{1}{V_e^2} \tag{8-3}$$

上式から求められた速度 V あるいは V_e に対する全機の抗力 D の変化（一定高度、一定重量）は、図 8.6 のようになる。式(8-3)より明らかなように、対気速度を EAS で表すと、有害抗力係数 C_{Dp} が空気の圧縮性の影響によって増大しない比較的低高度かつ低速の領域では、V_e に対する抗力は高度によらず一定である。またこの領域では、EAS と IAS の差は僅かなので、飛行機を操縦・運用するときに用いられる IAS に対する抗力も高度によらずほぼ一定といえる。

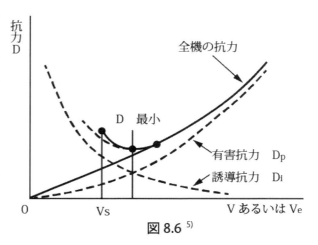

図 8.6 [5]

8・6 地面効果

飛行機が地面や水面に接近して飛行するとき、機体周りの気流は、地面（以下、水面も含む）によって制限されるため、次のような影響を受ける。

①誘導抗力が減少し、揚力が増加する。
②機首下げモーメントが生じる。
③速度計が、実際の速度より低く指示する。

これらをまとめて地面効果 Ground effect という。

地面効果は、飛行機の翼幅に等しい高さ以下で表れ、地面に近づくにつれて強くなる。例えば、揚力係数が一定であれば、誘導抗力係数は、翼幅に等しい高さでは1.5％ほど減少し、翼幅の1/10の高さでは約50％減少する。

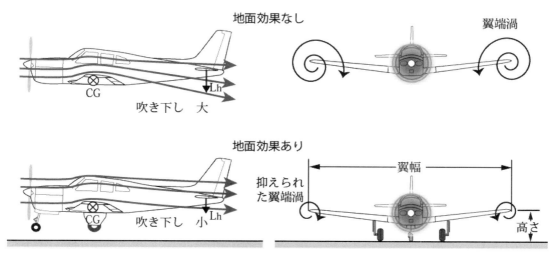

図8.7

① 誘導抗力が減少し、揚力が増加する。

　図8.7で示すように、地面に近づくと、翼端渦が抑えられ、主翼後方の吹き下ろし角は減少し、また主翼前方の吹き上げも小さくなり、誘導迎え角が減少するため、誘導抗力は減少する。またこのため、主翼の揚力曲線は、地面に近づくとともに主翼のアスペクト比が大きくなっていくように変化し、揚力曲線勾配は増加していく（図7.13参照）ので、迎え角が一定ならば、揚力は増加する。

② 機首下げモーメントが生じる。（11・1節参照）

　　全機の重心 CG（横軸）回りの縦揺れモーメントを考えると、地面に近づくことによって主翼後方の吹き下ろし角が減少するので、水平尾翼の下向きの揚力 L_h が減少するため、水平尾翼による機首上げモーメントは減少する。つまり、釣り合い状態にあった縦揺れモーメントが、相対的に機首下げモーメントの方が大きい状態に変化する。ただし、T型尾翼（12・3節参照）を用いている機種では、この傾向はほとんどない。

③ 速度計が、実際の速度より低く指示する。

　一般に静圧孔は、主翼後方の胴体下側で、巡航中に圧力係数 $C_p \cong 0$ となる個所に取り付けられている。地面に近づくと、吹き下ろし角が減少するため、静圧孔付近の流れは変化し、この付近の静圧は多少増加するので、速度計の指示は実際の速度より低くなる。高度計の指示についても同様のことが言える。

低翼機は、翼と地面との間隔が小さいので、高翼機に比べ地面効果が強く表れる。また、アスペクト比が小さい機体や後退翼機は、特に低速時は吹き下ろし角が大きく、地面に近づくと

吹き下ろし角が大きく減少するため、地面効果が強く表れる。

8・7　高揚力装置

翼の揚力係数を増大させるための装置を高揚力装置 High lift device という。高揚力装置の必要性について考えてみよう。飛行機が速度 V で等速水平直線飛行を行っているものとする。このとき、飛行機に働く力の釣り合いは図 8.8 のようになっている。この飛行

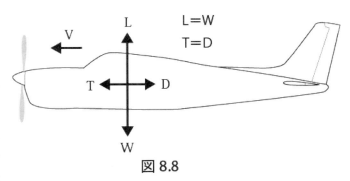

図 8.8

機が、高度 8,000ft、CAS 110kt で巡航し、その後、標準大気海面高度の飛行場に CAS 70kt で着陸する場合を考え、それぞれの高度における動圧 $(1/2)\rho V^2$ の比を計算してみる。高度 8,000ft において CAS 110kt は TAS 124kt になり、一方、標準大気海面高度では CAS = TAS なので、TAS 70kt となる。また、密度比は $\rho/\rho_0 = 0.8$ であるから、高度 8,000ft における動圧は、標準海面高度における動圧の 2.5 倍になる。従って、機体の重量 W が同じであるとすると、必要な揚力 L も等しいので、式(7-2)より、着陸時には約 2.5 倍の揚力係数 C_L が必要になり、離陸時でも同様の状況になる。揚力係数を増大させるためには、迎え角を大きくする必要があるが、二つの問題が生じる。一つは、迎え角を大きくすると、失速角に近づき飛行の安全を損なう可能性があること、もう一つは、迎え角を大きくするためには機体を機首上げ姿勢にしなければならず、そうするとパイロットの前方および下方の視界が妨げられることである。図 8.12 で明らかなように、高揚力装置によって、低速時に大きな機首上げ姿勢にしなくても揚力係数を増大させることができるので、これらの問題が解決する。

次に、高揚力装置の必要性について、離着陸速度の面から考えてみる。式(7-2)は、水平直線飛行中は L = W であること、および失速速度 V_S のときの揚力係数 C_L が最大揚力係数 C_{L-max} であることを考慮すると、次のように表される。

$$L = W = \frac{1}{2}\rho V_S^2 S C_{L-max} \qquad \therefore \quad V_S = \sqrt{\frac{2W}{\rho S C_{L-max}}} \qquad (8\text{-}4)$$

式(7-10)から明らかなように、翼面積 S が小さい方が抗力 D は小さくなるので、必要なエンジンの出力（必要パワー）も小さくなる（13・1 節参照）から、燃料消費量が少なくなる。このため、巡航速度で長距離を飛行するには、S は小さい方が有利である。一方、必要な構造強度を確保した上で大量の貨客を高速で輸送しようとすれば、重量 W は重くなる。従って、単位主翼面積に対する機体重量 W/S（翼面荷重 Wing loading という）は大きくなるから、式(8-4)より明らかなように、失速速度 V_S は大きくなってしまう。失速速度は、離着陸速度の基準となる速度（13・7 節、8 節参照）なので、失速速度が大きくなると離着陸速度も大きくなる。そうなると、離着陸距離が長くなり、また離着陸滑走の際のタイヤの速度制限やブレーキの性能にも

影響する。そこで高揚力装置を装備すれば、最大揚力係数 $C_{L\text{-}max}$ を大きくして失速速度 V_S を小さくし、離着陸速度を小さくすることができる。このように、高揚力装置は、低速時の安全性を保持するために重要な役割を担っている。

一般的に使用される高揚力装置は、後縁フラップ Trailing edge flap（単にフラップと呼ばれることが多い）および前縁ディバイス Leading Edge Device（LED）（前縁フラップと呼ばれることもある）である。

（1）後縁フラップ

主翼の後縁部を下方に動かすことによって、翼に対して角度を持たせること（この角度をフラップ角という）ができるようにしたもので、基本的な形を図 8.9 に示す。図の左列は、フラップを作動させていない状態（フラップ上げ）を示している。

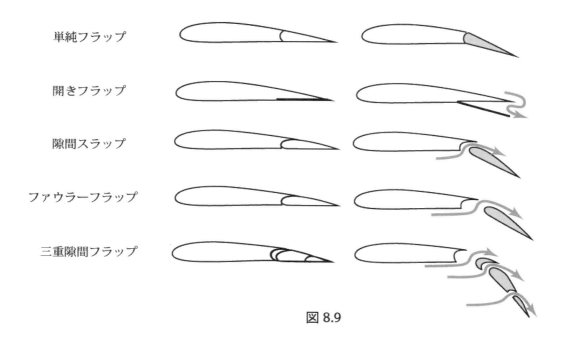

図 8.9

a．単純フラップ Plain flap

翼のキャンバーを大きくすることによって $C_{L\text{-}max}$ を増加させるものであるが、フラップ角を大きくすると、フラップ上面の気流が剥離するおそれがあり、フラップの効果が得られなくなる。機構的には、簡素である。

b．開きフラップ Split flap

キャンバーを大きくすることができるが、翼とフラップの間の空間部が負圧になるため抗力も大きく増加するので、現在では、特殊用途機を除いてあまり使用されない。$C_{L\text{-}max}$ の増加は、単純フラップより多少大きい。

c．隙間フラップ Slotted flap

キャンバーを大きくし、また翼とフラップの間に隙間ができるので、この隙間を通過する静圧が高い翼下面から翼上面への気流によって、フラップ上面の境界層にエネ

ルギーを与えて剥離を抑えることができる。このため、$C_{L\text{-}max}$ の増加は開きフラップより大きくなる。現在、小型機を含め、最も一般的に使用されている。

d．ファウラーフラップ Fowler flap

隙間フラップと同様の仕組みに加えて、フラップを操作すると、いったん後方に移動した後に下方に動くので、翼面積も大きくなる。このため $C_{L\text{-}max}$ は、隙間フラップより大きく増加するが、構造が複雑になるため、小型機にはあまり用いられない。

e．2重あるいは3重隙間フラップ Double-, Triple-slotted flap

隙間フラップの隙間を複数個所に設けて、より大きいフラップ角になっても、フラップ上面の境界層の剥離を抑えるようにしたもので、普通、ファウラーフラップを基本形とし、その隙間を増やして多重隙間フラップにする。2重隙間フラップはボーイング B777 やエアバス A380 など、3重隙間フラップは B747 や B737 在来型などの大型ジェット輸送機に装備されている。$C_{L\text{-}max}$ は、2重隙間フラップではフラップを上げているときと比べて 2.2 倍程度になる。欠点は、構造が複雑なので、製造費や保守費用が高くなること、重量が重くなること、また隙間を通過する気流が騒音源になるため騒音が大きくなることである。

（2）前縁ディバイス

前縁ディバイスには様々な仕組みのものがあるが、基本的なものを図 8.10 に示す。

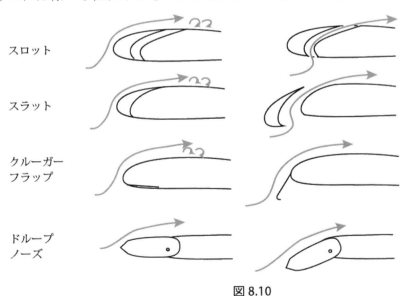

図 8.10

a．スロット

7・9節で述べたような翼前縁部に設けたスロットの働きによって、失速角 α_s は大きくなり、また $C_{L\text{-}max}$ も増加する。なお、抗力の増加を防ぐため、高速時には隙間を閉じることができるようにしたものもある。

b．スラット

作動させると、翼前縁部が前方かつ下方に動き、前縁部のキャンバーを大きくすることで、前縁半径を大きくしたのと同様な効果をもたせ、また、隙間ができることでスロットと同様の効果を生じさせることによって、失速角 α_s を大きくし、また $C_{L\text{-}max}$ も増加させる。大型ジェット輸送機に最も一般的に用いられている。

c．クルーガーフラップ Kruger flap または前縁フラップ Leading edge flap

翼前縁下面を下方かつ前方に開くようにして、フラップ前方の気流の方向を翼前縁部上面に流れるように変えることで、前縁半径を大きくしたのと同様な効果をもたせ、失速角 α_s を大きくし、また $C_{L\text{-}max}$ も増加させるが、スラットより効果は少ない。従って、前縁ディバイス作動の状態での翼端失速防止のため、翼根部にクルーガーフラップを装備し、翼中央部から翼端部にかけてスラットを装備している機種も多い。

d．ドループノーズ Drooped nose

前縁折曲げ、前縁ドループなどと呼ばれることもある。翼前縁を折り曲げ、クルーガーフラップと同様の効果によって失速角 α_s を大きくし、$C_{L\text{-}max}$ も増加させる。主翼本体との間に隙間が生じないので、スラットより効果はやや少ないが、騒音は小さくなる。A350 などに用いられている。

後縁フラップを下ろすと、主翼後縁部の上下面の圧力差が増すので、図 8.11 のように翼の圧力分布は変化し、風圧中心 CP は後方に移動する。

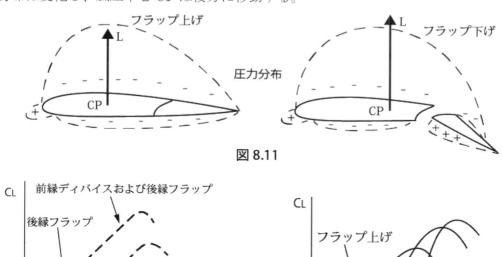

図 8.11

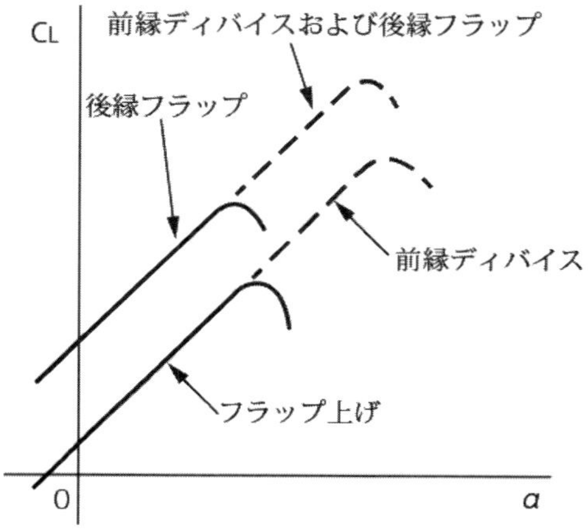

図 8.12

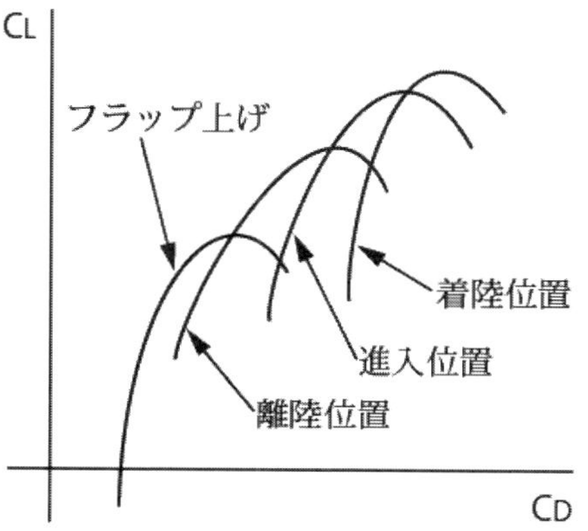

図 8.13

図 8.12 は、高揚力装置を作動させたときの揚力曲線を表している。後縁フラップを下ろすと、キャンバーが大きくなるので、揚力係数 C_L、最大揚力係数 $C_{L\text{-max}}$ は増加するものの失速角 α_s は多少小さくなる。小型機では、一般に後縁フラップのみが装備されるから、操縦するとき、この点に注意する必要がある。前縁ディバイスを作動させると、$C_{L\text{-max}}$ は増加し、α_s も大きくなる。両方を同時に作動させると、C_L、$C_{L\text{-max}}$、α_s 共に大きく増加する。従って、大型ジェット輸送機では、後縁フラップを作動させるときは、同時に前縁ディバイスも連動させることが多い。

　フラップ位置は飛行状態に応じて設定されていて、各フラップ位置によってフラップ角は異なり、離陸位置、進入位置、着陸位置の順で大きくなる。図 8.13 は、各フラップ位置における極曲線を表す。離陸位置では、フラップ上げのときより揚力係数 C_L は大きく増加するものの着陸位置よりは小さく、抗力係数 C_D の増加は比較的小さい。このため、離陸速度を小さくするために C_L を増加させつつ、離陸および上昇時の加速性も確保できる。一方、着陸位置では、C_L は最も大きく増加し、C_D の増加も最も大きい。このため、低速時に C_L を増加させつつ、大きい降下角で降下したときでも速度の増加を抑え、また着陸距離を減少させることができる。この意味で、着陸位置にあるフラップは次節で述べる高抗力装置であるともいえる。

　フラップ（前縁ディバイスを含む）が下りた状態では、フラップに大きい空気力が作用する。従って、高速飛行時に作動させると、構造強度上の問題からフラップや翼を損傷させる危険性があるので、フラップを操作できる速度には制限が設けられる。この制限は、フラップが動いている状態では、フラップが所定の位置になったときに比べて強度がやや低下するので、フラップ下げ速度 Maximum flap extended sped : V_{FE} とフラップ操作速度 Maximum flap operating speed : V_{FO} の二つが設けられているが、同一の速度に設定されている機種が多い。耐空性審査要領では、V_{FE} はフラップを規定された位置に下げた場合に許される最大速度と定められている。V_{FO} は、フラップを安全に動かすことができる最大速度である。

（3）**境界層制御装置** Boundary layer control device

　　4・6 節で述べたように、境界層内の流れの運動エネルギーが減少すると剥離しやすくなるので、気流に運動エネルギーを与えることにより、あるいは運動エネルギーが減少した境界層を除くことによって剥離を抑えることができる。これを境界層制御という。7・9 節で述べたスロット、ボルテックスジェネレーターは、境界層制御装置にあたる。ボルテックスジェネレーターが取り付けられるのは翼だけに限らない。例えば、胴体の尾部のような機体の曲率が大き過ぎて気流が剥離しやすい部分に取り付けると、ボルテックスジェネレーター自体による抗力係数の増加はあるものの、剥離を抑えることができるので、全機の抗力係数を小さくすることができる。

動力式高揚力装置 Powered high lift device は、タービンエンジンのファンエアなどを利用して大きな揚力係数を得ようとする装置で、境界層制御装置の一つであり、短距離で離着陸する必要のある飛行機に用いられる。図8.14 にその例を示す。

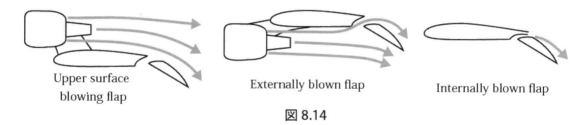

図 8.14

Upper surface blowing flap は、タービンエンジンの排出ガスやファンエアを後縁フラップの上面に流す方式、また Externally blown flap は、それを後縁フラップの下面に吹きつける方式であり、前者は JAXA の実験機「飛鳥」に、後者は米軍の輸送機に用いられた。Internally blown flap は、専用の圧縮機から供給される圧縮空気あるいはタービンエンジンの圧縮機から取り出した圧縮空気を後縁フラップの前に位置する隙間から上面に流す方式であり、救難飛行艇「US-2」に用いられている。

8・8 高抗力装置

飛行機が降下するときは、位置エネルギーが運動エネルギーに変換されていくので、運動エネルギーは増加する。このとき、全機の抗力が大きければ、運動エネルギーの増加は抑えられるが、飛行機はできるだけ抗力を減らすように造られているので、運動エネルギーの増加は大きく、それが速度の増加という形で表れる。特に、緊急降下など大きな降下角が必要な時、適切な降下速度を維持するために抗力を増加させることが必要になる。また着陸接地後、ブレーキ効果を高め、抗力を増加させれば、着陸距離を短くすることができる。このために、空中、地上で抗力係数を増加させる装置を高抗力装置 High drag device という。

1．空中で利用できる高抗力装置

a．後縁フラップ

前節で述べた通り、後縁フラップを進入位置あるいは着陸位置に置けば、抗力係数 C_D は増加する。

b．着陸装置（降着装置）Landing gear system

引き込み式脚を装備する機体では、脚を下げれば C_D が増加する。特に、全機の抗力係数が小さい高速機では効果的である。

着陸装置を操作できる速度にも制限が設けられる。脚を上げ・下げするときにギア（脚）ドアが開く方式を用いている機種では、ドアの取り付け部の強度が低いため、その制限速度が、着陸装置が所定の位置になってドアが閉じたときの制限速度より小さく設定されていることがあり、このため着陸装置下げ速度 Maximum landing gear extended speed：V_{LE} と着陸装置操作速度 Operating speed：V_{LO} の二つの制限速度が設けられている。耐空性審

査要領の定義では、V_{LE} は、着陸装置を下げた状態で航空機が安全に飛行できる最大速度であり、V_{LO} は、着陸装置を安全に上げ下げできる速度である。

c．スピードブレーキ Speed brake またはスポイラーSpoiler

ジェット機やグライダーなどの全機の抗力係数が小さい飛行機に装備される。プロペラ機では、エンジンの出力をアイドル状態まで下げると、プロペラが大きな抗力を発生するので、一般には装備されない。スピードブレーキは、図8.15のように、翼上面に取り付けられている左右両翼のスポイラーを同時に、かつ対称に任意の角度まで上方に開いて C_D を増加させ、気流を剥離させて揚力係数 C_L も減少させるものである。作動させていない状態では、左図のように、スポイラーは翼面と同一面になっている。スピードブレーキには、実質的に操作上の制限速度がないので、高速度領域でも使用できる。

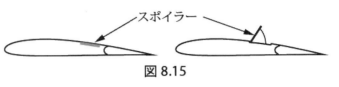

図 8.15

2．地上で利用できる高抗力装置

地上で利用できる高抗力装置には、主に次のようなものがあり、着陸時だけではなく、離陸滑走開始後、離陸を中止するときにも使用される。

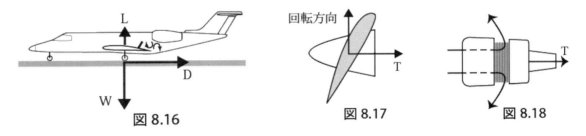

図 8.16　　図 8.17　　図 8.18

a．グラウンドスポイラーGround spoiler

図8.16のように、左右両翼のスポイラーを同時に最大角度まで上方に開いて、主翼の揚力 L を早く減らし、車輪ブレーキが装備されている主脚にかかる荷重 W を早く増すことにより、車輪ブレーキの効きを高めるものである。また、スピードブレーキと同様に空力ブレーキとしても働く。なお、スポイラーは、上記のスピードブレーキとグラウンドスポイラーのほか、フライトスポイラーとしての機能をもっている。（12・6節参照）

b．リバースピッチプロペラ Reverse-pitch propeller

図8.17のように、プロペラのブレード角を変えて、負の（後方向への）推力 T を発生させるものである。（9・2節参照）

c．スラストリバーサーThrust reverser

図8.18のように、タービンエンジンの排出ガスやファンエアの方向を、遮へい板などを用いて斜め前方に変えることにより、負の（後方向への）推力 T を発生させるものである。

この他、空中、地上の両方で使用できる装置にエアブレーキ
Air brake がある。これは、図 8.19 のように、胴体後方部や尾部
の側面あるいは背面に取り付けられたスポイラーのような外板
を開いて C_D を増加させるもので、中型ジェット旅客機やビジネ
スジェット機などに装備されている。

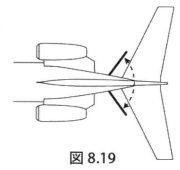

図 8.19

第9章　推進装置

本章では、小型機の推進装置として広く使用されているピストン（レシプロ）エンジン Reciprocating piston engine とプロペラ Propeller に関して、飛行機を運用するときに性能や飛行特性に影響する部分について述べる。

9・1　エンジンの出力

1. ピストンエンジンの概要

航空機用ピストンエンジンは、シリンダー内に収めたピストンの往復運動をクランク軸などを用いて回転運動に変えてプロペラを回転させる力を発生させるものであり、その大部分は、ピストンが2往復する間に1サイクルを完了する4行程サイクルエンジン（以下4サイクルエンジンという）であるから、ここでは4サイクルエンジンについて述べる。

行程とは、シリンダー内でピストンが最低点から最高点まで移動すること、あるいはその距離をいう。4サイクルエンジンが作動しているとき、その四つの行程は順に、ピストンが下降して空気と燃料の混合気を吸入する吸気行程、ピストンが上昇して吸入された混合気を圧縮する圧縮行程、圧縮された混合気を燃焼させて高温・高圧の燃焼ガスを作りピストンを押し下げる膨張行程、ピストンが上昇して燃焼ガスをシリンダーから排出する排気行程から成り、これを繰り返す。この一連の作動行程全体をサイクルという。膨張行程はプロペラを回転させる出力を発生するので出力行程ともいわれる。従って、4サイクルエンジンでは、ピストンが2往復、すなわちエンジンが2回転する間に1回出力行程がある。

2. 指示パワーと正味パワー

エンジンの1サイクルの間の仕事は、出力行程においてなされる有効な仕事と吸気・圧縮・排気行程においてなされる損失仕事から成り、有効仕事量から損失仕事量を除いたものを指示仕事といい、L_iと表す。出力行程において、ピストン上面にかかる燃焼ガス圧力は時間的に変化するので、それを平均した一定の圧力がピストンの上面に働いてピストンが最高点から最低点まで移動したと考える。その平均一定圧力を指示平均有効圧力といい、P_{mi}と表し、Sをピストン断面積とすると、ピストンに加わる力Fは次の式で表される。

$$F = P_{mi} \times S$$

出力行程中に1個のピストンがする仕事L_pは、Dを行程とすると、

$$L_p = F \times D$$

となる。

従って、このエンジンのシリンダーの数をZ、回転数をn[rpm]とすると、出力行程はエンジンが2回転で1回あるので、単位時間（秒）当たりの指示仕事（仕事率）：L_i/sec は、

$$L_i/\text{sec} = \frac{L_p \times Z \times n}{2 \times 60} = \frac{P_{mi} \times S \times D \times Z \times n}{2 \times 60} \tag{9-1}$$

となり、これを指示パワー Indicated Power：IP という。また、このL_i/sec を馬力で表し

たものが指示馬力 Indicated Horse Power：IHP である。

指示パワーは、シリンダー内で発生するパワーで、その一部は燃料ポンプなどの駆動に費やされ、ピストン、ベアリングの摩擦でも失われる。プロペラの駆動に使えるパワーは、この損失パワーを差し引いた残りのパワーであり、これを正味パワーBrake Power：BP という。これを馬力で表したものが正味馬力あるいは制動馬力 BHP である。BP と IP の比を機械効率といい、一般に 90%程度である。

３．出力を決定する要素

指示パワーIP は、シリンダー内での燃料の燃焼によって発生し、燃焼はエンジンの吸入空気の酸素によって維持される。そのため、混合比（下記 c．参照）などの条件が変わらなければ、指示パワーは図 9.1 のように吸入空気流量（重量）に比例するので、シリンダー内に吸入された空気流量が指示パワーを決定する。以下では、特に断らない限り、指示パワーおよび正味パワーの両方を含む意味で出力という。

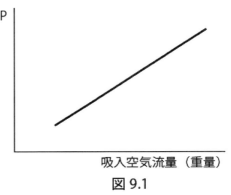

図 9.1

出力を決定する主な要素について、式(9-1)を参考に説明する。

ａ．吸気圧力

吸気圧力 Manifold Pressure：MAP によって混合気はシリンダー内に押し込まれるのであるから、吸気圧力が大きいほど混合気の重量は大きくなり、多くの燃料が燃焼する。この混合気重量にシリンダー内圧 P_{mi} は比例するので、出力は吸気圧力に比例する。

ｂ．回転数

式(9-1)より明らかなように、エンジン回転数 n を増加させれば、それに比例して出力も増加する。しかし、ある回転数以上になると、回転数の増加に伴う損失パワーの増大などにより、正味パワーBP は減少する。

ｃ．混合比

混合比 Mixture ratio とは、混合気中の燃料と空気の重量比で、混合気の濃度を表す。図 9.2 は、空気流量一定の条件で、出力および単位出力当りの燃料消費率 Brake Specific Fuel Consumption：BSFC と混合比の関係を示したものである。化学式から求めると、ガソリンを完全燃焼させるのにガソリン 1 に対して空気は 15 必要となるので、この混合比 1/15(=0.067)を理論混合比 Theoretical mixture ratio という。空気流量は一定とすると、実際には、高熱によって燃焼ガスに含まれる二酸化炭素、水が分解

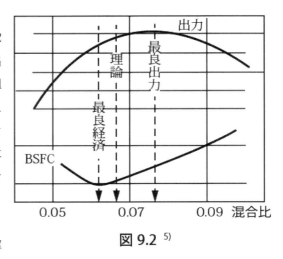

図 9.2 [5]

され、酸素が生じるので、この酸素にさらに燃料を加えて燃焼させることができるため、理論混合比より 15%ほど濃い混合比 1/13～1/12(0.08 程度)で P_{mi} は最大となり、出力も最大となる。このときの混合比を最良出力混合比 Best power mixture ratio といい、これより濃い混合比では、不完全燃焼が進んで P_{mi} は低下するので、出力は減少する。

一方、混合比を理論混合比より薄くしていくと、P_{mi}（出力）も燃料流量も減少するが、燃料流量の減少の方が大きいので BSFC は減少し、混合比が 1/16(=0.0625)程度で最少になる。このときの混合比を最良経済混合比 Best economy mixture ratio といい、比較的少ない出力の減少で燃料消費面において最も経済的になるので、巡航飛行時に用いられることが多い。

d．大気条件

空気密度は、圧力に比例し、絶対温度に反比例するので、気圧高度あるいは大気温度が低くなれば、吸入空気流量が増えるため出力は増加し、高くなれば、出力は減少する。大気中の湿度が高いほど、その水蒸気分だけ空気重量を減らすので、出力は減少する。

e．高度

図 9.3 のように、高度が高くなると、大気温度は減少するものの大気圧も減少し、大気圧の影響の方が大きいので、出力は減少する。

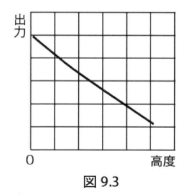
図9.3

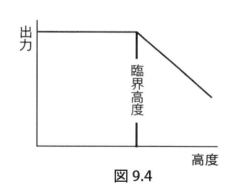
図9.4

4．過給機

過給機 Supercharger は、上述のように高度が高くなるにつれエンジンの出力は低下するので、これを防ぐために圧縮機 Compressor によって吸入空気あるいは混合気を圧縮し、圧力を高めてシリンダーに供給するものである。過給機にはいくつかのタイプがあるが、排気駆動式過給機 Turbocharger は、エンジンの排気ガスを利用してタービンを回し、同軸上の遠心式圧縮機を回転させて吸入空気あるいは混合気を圧縮するもので、小型機のエンジンで広く用いられている。これを装備したエンジンの出力は、図 9.4 のように、地上からある高度（臨界高度という）までほぼ一定に保たれる。

5．エンジンの定格と運用限界

エンジンの信頼性を保ち得る運用の限界として定格 Rating が定められており、エンジンを定格内で運用すれば、法的に定められている耐久試験で実証された信頼性が確保できる。定

格には次のものがある。
1）離陸出力 Rated takeoff power
　離陸に用いる定格出力で、海面上および臨界高度（過給機付きエンジンのみ）におけるパワー、回転数、吸気圧力、使用時間について設定される。
2）最大連続出力 Rated Maximum Continuous Power：MCP
　連続運転が可能な最大の定格出力で、海面上および臨界高度（過給機付きエンジンのみ）におけるパワー、回転数、吸気圧力について設定される。一般には、この定格を100%出力とする。
　この他に定格ではないが、最大推奨巡航出力がある。これは最良経済混合比で得られる出力のうち、巡航時に使用される最大のもので、MCPの約75%に相当する出力である。
　エンジンを構成する各部分や適正な運転機能を確保するため、回転数、吸気圧力、シリンダーヘッド温度、オイル圧力・温度などを一定の限界内で運用する必要があり、飛行規程などに運用限界として定められている。運用限界を超えての運用は禁止されていることや運用限界を超えて運用した場合の注意は、機体の強度、飛行速度に関する運用限界と同様である。

9・2　プロペラ

1．プロペラの概要

　図9.5のように、プロペラは一般に2〜4枚のブレード Blade と、これを保持してエンジンのクランク軸に結合されるハブ Hub によって構成され、ブレードの基部にあたるシャンク Shank は、プロペラの強度を確保するために円形断面になっているが、その他の部分は主翼と同様の翼型をしている。プロペラ回転面の回転軸から任意の半径 r と僅かに大きい半径（r+dr）とで囲まれたブレードの微小部分を翼素という。

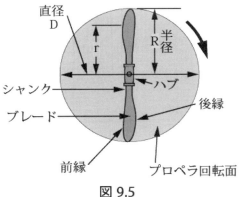

図9.5

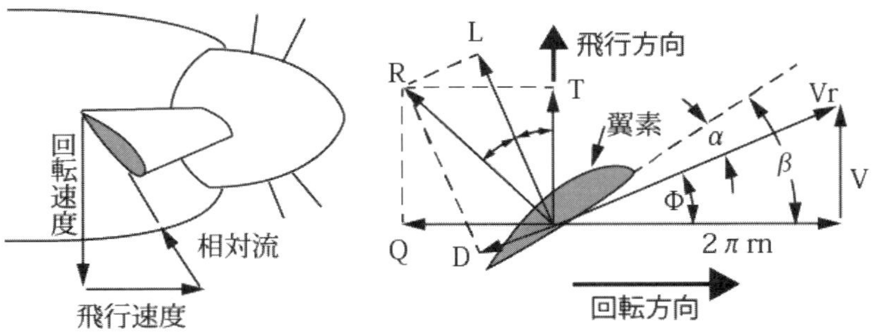

R：空気力
L：揚力　D：抗力
T：推力　Q：制動力
V：飛行速度
2πrn：翼素の回転速度
Vr：Vと2πrnの合成速度
α；迎え角　β：ブレード角
φ：前進角

図9.6

図9.6は、半径 r 位置の翼素が回転しているときの翼素周りの流れのベクトルを表している。n をプロペラ回転数とすると、翼素の回転速度は 2πrn であるから、翼素に対して、この

回転速度と飛行機の対気速度 V の合成速度 V_r の相対流が迎え角 α で流入するので、翼素には空気力 R が生じる。空気力 R は揚力 L と抗力 D に分解することもできるが、プロペラでは、回転軸方向の成分の推力 T と回転面方向の成分の制動力 Q に分けて考える。ブレードの基部から先端までのすべての翼素に働く推力と制動力を集めると、1 枚のブレードに働く推力と制動力になる。これにブレード枚数を乗ずると、1エンジン当りの推力と制動力となり、この制動力によるトルクがエンジンの発生するトルクに見合っている。

翼素は翼型であるから、翼の揚力や抗力が迎え角によって変化し、揚抗比最大となる迎え角があるように、翼素の推力や制動力も迎え角 α によって変化し、推力と制動力の比が最大となる迎え角がある。すなわち、小さいトルクで大きい推力が得られる迎え角があり、このとき効率が最大となる。翼素の合成速度 V_r と回転面の間の角度 φ を前進角 Angle of advance という。相対流（合成速度 V_r）の方向は、翼素の半径 r、回転数 n、対気速度 V により変化する。ここで飛行速度を一定とすると、図 9.7 のように、回転軸に近い翼素ほど回転半径が小さいから回転速度 $2\pi rn$ は小さくなるので、前進角 φ は大きくなり、先端にいくほど前進角は小さくなる。一方、すべての翼素を効率よく使うためには、すべての翼素が最大効率を得られる迎え角になるようにする必要がある。そのためには、回転軸に近い部分のブレード角 Blade angle : β は大きく、先端にいくほど小さくしなければならない。ブレードが捩じれているのは、このためである。

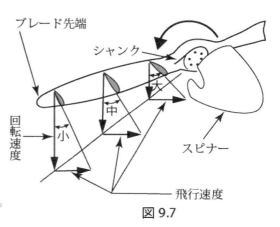

図 9.7

ブレードのシャンクは太いので、大きな推力は得られない。また、先端は回転速度が大きくなるため、高速に適した薄い翼型を採用していること、および誘導抗力や圧縮性の影響により、やはり大きな推力は得られない。従って、実際に大きな推力を発生する部分は、プロペラ半径の回転軸から 3/4 付近である。ブレードは捩じられているので、ブレード角は翼素の半径位置によって異なるが、普通、この位置付近の翼素のブレード角がプロペラのブレード角を代表する。本章では混同を避けるため、このブレード角をピッチ角 Pitch angle という。

2．推力パワーとプロペラ効率

プロペラ機は、エンジンがプロペラを回転させることにより、回転面の前方の空気を加速して後方に押し出し、その反作用で推力を得ている。エンジンがプロペラを回転させる仕事、すなわちエンジンがプロペラに与えるエネルギーの単位時間当りの値（仕事率）は、1 節で述べた正味パワーに他ならない。飛行機が静止している状態で、プロペラが回転し推力を発生していても、飛行機は仕事をしたことにならず、ある速度で移動したときに仕事をしたことになる。図 8.8 のように飛行機が推力 T、対気速度 V で飛行するとき、単位時間に行う仕事は T・V となるから、これを推力パワーThrust Power：TP という。エンジンの正味パワー BP のすべてが、飛行機の単位時間に行う仕事 TP に費やされることはない。そこで、プロペ

ラが BP を TP に変換する効率を表すために、プロペラ効率 η_p を次のように定義する。

$$\eta_p = \frac{TP}{BP} \tag{9-2}$$

次に、対気速度 V で飛行する飛行機のプロペラ回転面を通過する気流について考える。空気の流量（単位時間当りの質量）を m とし、空気はプロペラにより加速されて回転面の後方で速度が V_w になるものとすると、推力 T は、回転面を通過する空気の時間に対する運動量の増加の割合が $m(V_w - V)$ なので、

$$T = m(V_w - V) \qquad \therefore TP = T \cdot V = mV(V_w - V) \tag{9-3}$$

一方、プロペラが空気の運動量を増加させるために費やしたエンジンの単位時間当りのエネルギー BP は、エネルギー保存則より、空気が得た単位時間当りのエネルギーの増加に等しいから、

$$BP = \frac{1}{2}mV_w^2 - \frac{1}{2}mV^2 \tag{9-4}$$

従って、式(9-3)、式(9-4)より、式(9-2)は次のようになる。

$$\eta_p = \frac{TP}{BP} = \frac{mV(V_w - V)}{\frac{1}{2}mV_w^2 - \frac{1}{2}mV^2} = \frac{2V}{V_w + V} = \frac{2}{1 + V_w/V} \tag{9-5}$$

この効率は理論上のものであり、実際には、プロペラの後流が回転運動すること、ブレードの摩擦抗力、ブレード先端での圧縮性による抗力増加などによって損失が生じるので、プロペラ効率は理論の85%程度である。

3．前進角とピッチ角

図9.8は、飛行機が地上滑走から巡航するまでの各飛行段階における、ブレードに対する相対流の速度のベクトル図である。地上滑走時は、プロペラ回転速度 $2\pi rn_1$ も対気速度 V_1 も非常に小さく、前進角 ϕ_1 は小さい。離陸になると、プロペラは回転数が最大となるので、回転速度は最大となるが、V_2 は比較的小さく、ϕ_2 も比較的小さい。上昇時には、離陸時より回転数を少し減らすが、V_3 は V_2 より大きいので、ϕ_3 も大きくなる。巡航に入ると、回転数はさらに減るが、対気速度はさらに増すので、ϕ_4 は最大である。このように、前進角 ϕ は、対気速度とプロペラの回転数によって大きく変化する。一方、ブレードの迎え角には最適の角度があるので、飛行段階が変わり、前進角が変化しても常に迎え角を最適な一定の角度に保つのが望ましい。そのためには、図9.8のブレードのように、ピッチ角を変えればよい。

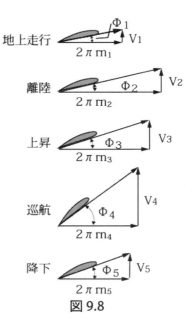

図9.8

4．プロペラのピッチ

図9.9は、プロペラ効率 η_p と、対気速度と回転数の比 V/n との関係を、固定ピッチプロペラ Fixed-pitch propeller および可変ピッチプロペラ Controllable-pitch propeller について示したものである。なお、横軸は正確には前進率：V/nD（D：プロペラの直径）を用いるべき

であるが、ここでは、飛行機は与えられたものであり、Dはある値で一定として説明する。

図から、ピッチ角が小さければV/nが小さいとき（離陸時）に、またピッチ角が大きければV/nが大きいとき（巡航時）に最適な迎え角になり、それぞれのピッチ角においてη_pは最大となった後、急激に低下することが分かる。また、ピッチ角を変えれば図の点線のように、広範囲のV/n、すなわち飛行段階にわたって、高いプロペラ効率を維持することが可能となる。なお、ピッチ角とピッチは別のものだが、大きいピッチ角を高ピッチ、小さいピッチ角を低ピッチというように使われる。ピッチ変更方式によるプロペラの種類は次のようになる。

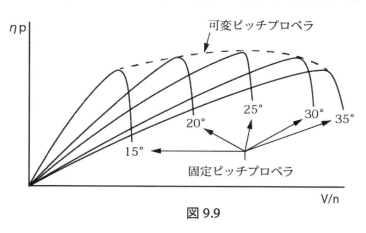

図9.9

1) 固定ピッチプロペラ

特定の飛行段階（一般に上昇あるいは巡航）に最適なピッチ角（図9.9の20°程度～25°程度）に固定されて作られているので、最大効率が得られる範囲が狭く、その範囲外では効率が悪くなる。

2) 可変ピッチプロペラ

プロペラの回転中にピッチ角を変更できるタイプで、用途によっていくつかの種類がある。

a．定速プロペラ Constant-speed propeller

エンジンの出力や対気速度に関係なく、あらかじめ設定したプロペラ回転数を保つように、ピッチ角を変更し、広範囲にわたって高いプロペラ効率を維持する。すなわち、ピッチ角はV/nが小さいときには小さく、V/nが大きいときには大きくなるように調節され、その変更は、油圧あるいは電気装置によって行われる。

b．フェザリングプロペラ Feathering propeller

多発機で片側エンジンが停止状態になり残りのエンジンで飛行するとき、停止したエンジンのプロペラは抗力を発生するが、図9.10右図のように風車状態 Wind milling になると、前進角φがピッチ角βを上回るためブレードは相対流に対して負の迎え角となり、負の（後方向への）推力と負の制動力を生じるので、抗力は一層大きくなる。これを避けるため、フェザリングプロペラは、可変ピッチの機構を利用し、左図のように停止プロペラのピッチ角を90°近くにして前縁を飛行方向に向け、回転を止めることで抗力を低

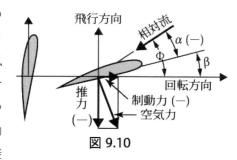

図9.10

く抑える。プロペラ抗力が最小となる位置にピッチ角を変えることをフェザーFeathering といい、元の位置に戻すことをアンフェザーという。

 c．リバースピッチプロペラ Reverse-pitch propeller

  図 9.11 のように、プロペラの回転中にピッチ角 β を負（－10°程度）にして、相対流に対して大きな負の迎え角になるようにすると、負の（後方向への）推力と正の制動力が発生する。このように負のピッチ角にすることができるプロペラをリバースピッチプロペラといい、着陸後あるいは離陸断念時に滑走距離を短縮するために、空力的ブレーキとして車輪ブレーキと併用される。プロペラのピッチ角を負に変えることをリバース Reverse といい、元に戻すことをアンリバースという。

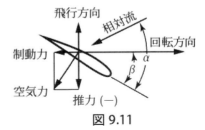

図 9.11

5．プロペラの装備位置

 プロペラが、機首部に置かれたエンジンの前面に装備されているタイプを牽引（引張り）プロペラ Tractor propeller といい、機体の後部に置かれたエンジンの後面に装備されているタイプを推進プロペラ Pusher propeller という。

6．エンジン出力の制御装置

 エンジン出力は、通常、操縦室内にある次の 3 種類のレバーによって制御される。

 a．スロットルレバー Throttle control lever

  スロットルバルブを制御するレバーで、前方に動かすとスロットルバルブの開度は大きくなり、シリンダーに吸入される混合気の量が増加し、エンジン出力は増加する。後方に動かすとスロットルバルブは絞られ、エンジン出力は減少する。最前方をフル位置 Full position、最後方をアイドル位置 Idle position といい、このときのエンジン出力をアイドル出力 Idle power という。

 b．プロップレバー Propeller control lever

  定速プロペラを装備するエンジンに用いられ、プロペラのピッチ角を変化させてプロペラ回転数を設定するレバーで、前方に動かすと回転数は増加し、後方に動かすと減少する。

 c．ミクスチャーレバー Mixture control lever

  混合比を調整するレバーで、前方に動かすと混合比は濃く、後方に動かすと薄くなり、最後方位置にすると、燃料の供給は止まる。この位置をアイドルカットオフ Idle cutoff という。

第 10 章　安定性と操縦性

10・1　概要

　飛行機の安定性 Stability とは、ある姿勢の釣り合い状態で飛行しているとき、突風などの気流の乱れ Disturbance によって外的な力が働いて姿勢が変化してしまったとき、パイロットが操縦しなくても、飛行機自体が元の釣り合い状態 State of equilibrium に戻ろうとする特性のことである。ここで釣合い状態とは、飛行機に作用する力が基準 3 軸（図 10.1 参照）についてそれぞれ釣合い、かつ 3 軸回りのモーメント（次ページの表）が釣合っている状態をいう。通常、飛行機は適切にトリム Trim されていれば、操縦装置から手を放していても定常飛行（13 章参照）ができるような安定性を持つように設計されている。

　操縦 Control とは、一般に昇降舵 Elevator、補助翼 Aileron、方向舵 Rudder から成る主操縦系統 Primary flight control system を操作、あるいはエンジンの出力を調整することにより姿勢を変化させたり、運動させて飛行機を任意の飛行状態にすることである。また、操縦には、2 次操縦系統 Secondary flight control system と呼ばれるフラップ、スポイラー、水平安定板 Horizontal stabilizer、および引込み式の場合には着陸装置も使用される。

　操縦性 Controllability とは、パイロットの操縦に対する飛行機の反応の特性であり、主操縦系統に関しては、操舵したときの舵の重さ、舵の効き、応答の三つが操縦性の指標である。舵の重さとは、一定の姿勢変化量に対して必要な操舵力のことである。

　舵の効きとは、舵角の変化量に対する姿勢の変化量のことで、変化量が大きいほど、舵の効きがよいといえる。応答とは、操舵を始めてから姿勢変化が完了するまでの時間と円滑さのことである。飛行機の姿勢 Attitude は、操舵を始めればただちに変化するというものではなく、一定の時間を経たのち変化を始める。また、姿勢の変化が断続的であったり、振動運動を伴い、それが続くようならば、円滑とはいえない。操舵したとき、姿勢変化が速やかに円滑に行われれば、応答がよいといえる。つまり、舵が軽く、舵の効きがよく、応答がよければ、操縦性がよいということである。

　安定性と操縦性の関係は、両端にそれぞれ安定性と操縦性が位置するシーソーに例えられる。安定性がよいということは、姿勢変化が起こりにくいということであるから、パイロットの操縦に対する反応は悪いということである。すなわち、操縦性は悪くなる。逆に、操縦性がよいということは、僅かな外力によって釣り合い姿勢から外れて姿勢変化が起こるということであるから、安定性は悪いということである。このように安定性と操縦性は相反する。飛行機では、どちらかに片寄るのは望ましくなく、安定性と操縦性の両方が適度に必要である。

　運動性 Maneuverability とは、飛行機の操りやすさ、すなわち操縦性と飛行機の飛行状態が移行するときの変化の程度、および操縦による運動で生じる応力に対する強度についての特性である。つまり、機体の 3 軸（次節参照）について加速度が大きく荷重倍数が大きい運動がで

きるほど、運動性がよい。運動性は、機体重量、主翼の形状と面積、舵面の面積と位置、構造強度、エンジンのパワーによって異なり、翼面荷重が小さいほど、運動性はよくなる。

安定性、操縦性、運動性、飛行性能などの性質を総称して飛行性 Flying qualities という。

10・2 飛行機の基準軸 Airplane reference axes

飛行機の安定性と操縦性を考えるとき、飛行機に作用する力およびモーメントを、天秤の支点に相当する機体の重心を通る互いに直交する3軸について分けて考えるとモーメントは機体に作用する重力の影響を考慮する必要がなくなるため扱いやすくなり、理解しやすい。3軸とは、図10.1で表されるように、機体の前後方向の縦軸（または前後軸）、翼幅方向の横軸、上下方向

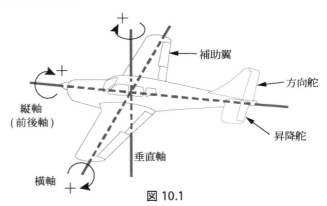

図 10.1

の垂直軸であり、それぞれ前方、右方、下方を正の方向とする。また、回転方向は左翼上げ、機首上げ、機首右揺れを正とする。飛行中、大気の乱れにより姿勢が変化するとき、あるいはエンジンの出力を変えたり、操縦舵面を動かして姿勢や位置を変えるときには、飛行機はこの3軸のいずれか一つ以上の軸回りの回転運動を行う。

各軸回りの、回転運動、角度、モーメント、安定性および操縦に使用される舵面を下表に示す。

軸 Axis	縦軸 Longitudinal Axis	横軸 Lateral Axis	垂直軸 Vertical Axis
回転運動 Motion	横揺れ Rolling	縦揺れ Pitching	偏揺れ Yawing
角度 Angle	横揺れ角 Bank Angle	縦揺れ角 Pitch Angle	偏揺れ角 Yaw Angle
モーメント Moment	横揺れモーメント Rolling Moment	縦揺れモーメント Pitching Moment	偏揺れモーメント Yawing Moment
安定性 Stability	横安定 Lateral Stability	縦安定 Longitudinal Stability	方向安定 Directional Stability
操縦舵面 Control Surface	補助翼 Aileron	昇降舵 Elevator	方向舵 Rudder

10.3 安定性

1. 静安定と動安定
安定性を考えるときには、静安定と動安定の二つの面について考える必要がある。

（1）静安定

静安定 Static stability とは、釣り合い位置から外れてしまったとき、それに応じて起きる最初の運動の傾向をいう。図10.2のAを元の釣り合い位置、Bを外れた位置とすると、

- 元の釣り合い位置 A に戻ろうとする場合、静安定が正 Positive、あるいは静的に安定といい、戻ろうとする力を復元力という。すなわち、静安定が正であれば、復元力が働く。

- 元の釣り合い位置Aに戻ろうとせず、また一層離れようともしない場合、静安定が中立 Neutral、あるいは静的に中立安定という。

- 元の釣り合い位置Aから一層離れようとする場合、静安定が負 Negative、あるいは静的に不安定という。

なお、この章では特に断らない限り、静安定が正の飛行機について述べる。

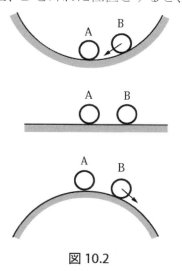

図10.2

（2）動安定

静安定が正のとき、釣り合い位置から外れても復元力が働いて元の釣り合い位置に戻ろうとするが、通常はただちに釣り合い位置に収まることはなく、行き過ぎてしまい、次に逆方向に運動して再び釣り合い位置に戻ろうとする。安定性について考えるとき、このような時間経過にともなって生じる図10.3に示すような振動運動 Oscillatory motion についても考慮する必要があり、このときの運動の傾向を動安定 Dynamic stability という。

- 振動運動による変位が時間とともに小さくなり、振動が減衰 Damped して元の釣り合い位置に戻る場合、動安定が正、あるいは動的に安定といい、振動運動を減衰させる力を減衰力という。図10.2の例では、球の空気抗力や曲面とのころがり摩擦力が減衰力として働く。

- 変位が大きくも小さくもならず、いつまでも続いて振動が減衰しない場合、動安定が中立、あるいは動的に中立安定という。

- 変位が時間とともに大きくなり、振動が発散 Divergent する場合、動安定が負、あるいは動的に不安定という。

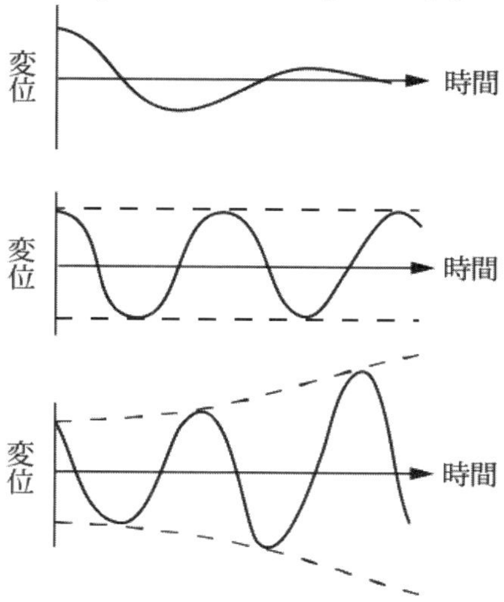

図10.3

このように動安定については、静安定が正であることが前提である。

飛行機の釣り合い状態とは、重心におけるすべての力およびモーメントの和が零の状態であり、釣り合い位置からいったん外れてしまったときに元の釣り合い状態に戻るためには、静安定が正であり、かつ動安定も正である必要があるから、飛行機はこれらを満足したときに安定性が備わっているといえる。また、元の釣り合い状態に戻るときに復元力により生じるモーメントを復元モーメントという。

2．舵自由・舵固定の静安定

舵面をある一定の舵角で固定した状態のときの静安定を舵固定の静安定 Stick-fixed stability という。一方、操縦桿から手を離して舵面の動きを自由にした場合、舵面は外力によって中立位置から動く。このようなときの静安定を舵自由の静安定 Stick-free stability という。舵自由の場合、舵面はヒンジ線（次節参照）を中心として自由に動き、外乱によって一般流の方向が変化したとき、一般に図10.4のように相対流に沿う方向になびく。このため、例えば昇降舵では、11・1節で述べるように縦の静安定にとって有効な水平尾翼の揚力が減少するので、縦の静安定は弱くなる。このことは、他の舵面についても同様であり、機力操縦装置（次節参照）を用いていない飛行機では、操縦桿から手を放して舵自由にするよりも、操縦桿を中立位置に保持して舵固定にする方が飛行機は安定するといえる。

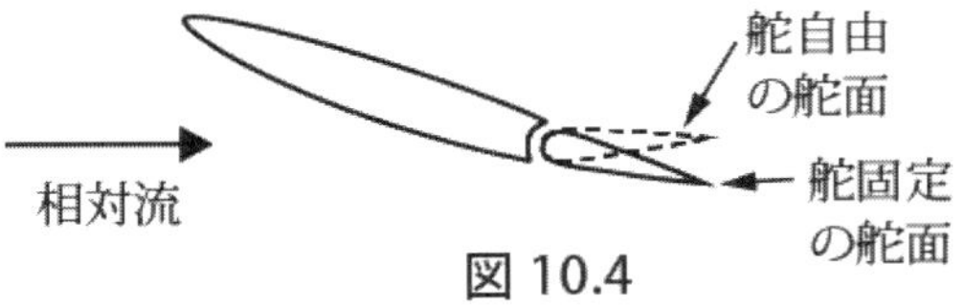

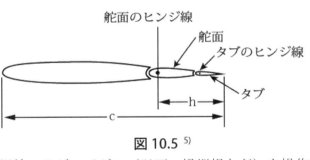

図 10.4

10・4　操縦性

1．舵の重さと効き

飛行機を操縦するためには、3軸の各軸について、それぞれ補助翼、昇降舵、方向舵を動かさなければならない。これらの舵面（または動翼）は、図10.5に示されるように、それぞれ主翼、水平尾翼、垂直尾翼にヒンジ Hinge（一種のちょうつがい）

図 10.5 [5)]

によって取り付けられており、操縦桿、操縦輪、ラダーペダル（以下、操縦桿など）を操作すると、舵面はヒンジ線を中心にして回る。その結果、各舵面に対応する翼の断面のキャンバーが変化して空気力、すなわち揚力と抗力が変化する。この揚力により重心回りのモーメントが変化するので、機体の姿勢が変わる。また、舵角 δ に応じて抗力は増加する。一方、舵面に働いた空気力が、舵面を元の位置に押し戻そうとする。この力はヒンジ線回りのモーメントで表される。これをヒンジモーメント Hinge moment：H といい、タブのない舵面を例として図10.6に示す。

ヒンジモーメントは、空気力によってヒン

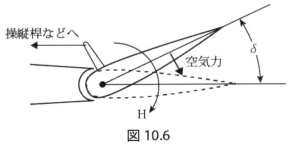

図 10.6

ジ線回りに生じるものであるから、動圧と舵面面積 S_h に比例し、また舵面の平均翼弦長 h に比例するので、次の式で表される。

$$H = C_h \cdot \frac{1}{2} \rho V^2 \cdot S_h \cdot h \tag{10-1}$$

ただし、C_h は、舵角および各舵面に対応する翼の迎え角によって変化する係数で、ヒンジモーメント係数という。Hの符号は、舵面の後縁の向きによって正・負が定義されるが、ここでは、大小は絶対値として考え、また、図のように後縁の向きが上方の場合を上げ舵といい、下方の場合を下げ舵という。

　パイロットは、操縦する際、操縦桿などにヒンジモーメントに打ち勝つだけの操舵力（操縦力）を加えなければならないので、ヒンジモーメントが大きいほど舵が重いと感じる。耐空性審査要領では、操縦力の最大値が規定されていて、操縦装置が操縦輪タイプの場合、横揺れ（補助翼など）については50lb、縦揺れ（昇降舵など）は75lb、偏揺れ（方向舵）は150lbとなっている。

　前述のように、姿勢の変化量は、各舵面に対応する翼の揚力係数あるいは重心回りのモーメントの変化量であるから、舵の効きは、一定の舵角に対する各舵面に対応する翼の揚力係数あるいは重心回りのモーメントの変化量で表される。従って、各舵面を重心位置から可能な限り離れた位置に取り付けた方が、同一の舵角に対して舵の効きがよくなる。また、図7.24のようにボルテックスジェネレーター（a）を主翼の補助翼の手前に取り付ければ、舵角が大きくなったときに生じる剥離による補助翼の効きの低下を防ぐ効果もあり、このため同様に、垂直安定板の方向舵の手前や水平安定板の昇降舵の手前に取り付けることもある。

2．操舵力の軽減

　ヒンジモーメントが大きいと、パイロットは疲労するだけではなく、場合によっては人力では操舵が困難になることさえあるから、操舵力を軽減する必要がある。操舵力を軽減する方法として、空力バランス、タブ、機力操縦装置がある。

（1）空力バランス Aerodynamic balance

　空力バランスには、主に次のようなものがある。

a．前縁バランス Overhang balance

　前縁バランスは、舵面のヒンジを後方に置き、ヒンジ線より前方部分に働く空気力 R' を大きくすることによって、R'によるモーメントを増し、ヒンジ線より後方部分に働く空気力 R によるモーメントを減らして、ヒンジモーメントを減少させようというものである。

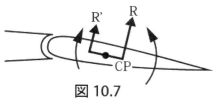

図 10.7

b．ホーンバランス Horn balance

　ホーンバランス

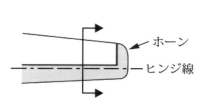
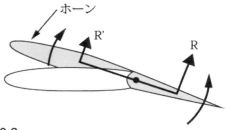

図 10.8

は、舵面の外端の部分を前方に延長して前縁部分の面積を拡張し、これにより、舵角をとったとき、この部分に生じる空気力 R' によるモーメントでヒンジモーメントを減少させようというものである。ホーンバランスは小型機によく用いられるが、補助翼には使用されない。

c．インターナルシールバランス Internal sealed balance

図10.9のように、舵の前縁に取り付けたバランスアームと翼との間にシール材料を張り、翼断面の空間を二つに分けると、例えば右図のように舵面が下げ舵角をとったと

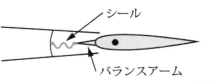
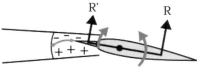

図 10.9

き、翼と舵の上面の流速の方が下面の流速より大きくなり、この部分の静圧が低くなるため、シール上部の空間の圧力が下部の空間の圧力より小さくなる。この圧力差がバランスアームに働くことによって、ヒンジモーメントを減少させることができる。国産機の YS-11 などに用いられた。

d．ベベル後縁 Trailing edge bevel

舵の後縁を斜め、あるいは垂直に切り落とし、舵角が大きいとき、後縁部の気流の剥離により、静圧を上昇させる。これによって、

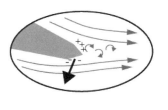
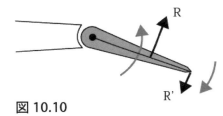

図 10.10

舵面に作用する空気力 R と反対方向の力 R' を生じさせることによって、ヒンジモーメントを軽減しようというものである。

e．フリーズ型補助翼 Frise-type aileron

図 10.11 のように、ヒンジを後方かつ下方に置くと、下げ舵のときは主翼面と舵面の周りの流れは滑らかであるが、上げ舵のときはヒンジ線より前方部分が主翼下面に突出するので、この部分に生じる空気力 R' によってヒンジモーメントを軽減することができる。なお、フリーズ型補助翼は逆偏揺れ（12・6節参照）の対策としても用いられる。

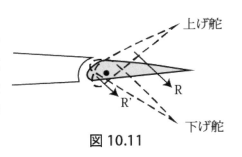

図 10.11

（2）タブ

タブは、舵面の後縁部分を折り曲げられるようにしたもので、バランスタブ（またはギアタブ）、コントロールタブ（またはサーボタブ）、スプリングタブ、アンチバランスタブ、トリムタブがある。このうち、前3者が操舵力軽減用のタブであり、アンチバランスタブは逆に操舵力が増加する。操舵力軽減用のタブは、下述のように舵面と反対方向に動くので、舵

角を小さくする効果があり、舵の効きは減少する。なお、トリムタブについては、3項で述べる。

 a．バランスタブ Balance tab またはギアタブ Geared tab
  パイロットが舵面を操作すると、図10.12(a)のように舵面の動きに応じてタブが舵面と反対方向に折れ曲がり、舵面の空気力 R によるモーメントに対してタブの空気力 R' による反対方向のモーメントを発生することにより、ヒンジモーメントを軽減させるものである。

 b．コントロールタブ Control tab またはサーボタブ Servo tab
  パイロットが操作するのは、舵面ではなくタブであり、タブを操作すると、図10.12(b)のようにタブに空気力 R_t が生じ、その空気力によって舵面がヒンジ線回りに回転し、舵角をとる。パイロットは、小さいタブを動かすので、操舵力は小さくて済む。

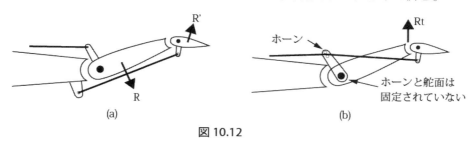

図 10.12

 c．スプリングタブ Spring tab
  低速で飛行しているときは、パイロットはスプリングを介して直接舵面を動かすが、高速になり、ヒンジモーメントが増大してスプリングの張力を上回るようになると、上図(b)のコントロールタブのように、舵面ではなくタブを動かすようになり、操舵力は軽減される。

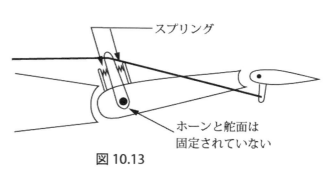

図 10.13

 d．アンチバランスタブ Anti-balance tab
  パイロットが舵面を操作すると、バランスタブとは逆に、舵面と同方向にタブは折れ曲がる。これにより、このタブがない舵面に比べ、翼のキャンバーが大きくなり、揚力係数が増加するので、舵の効きは増す。また、舵角を大きくする効果があるので、ヒンジモーメントは増加するため、操舵力は大きくなる。

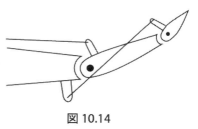

図 10.14

（3）機力操縦装置
 式(10-1)より明らかなように、高速機では飛行速度が大きくなるため、また中・大型機では舵面面積や舵面弦長が大きくなるため、ヒンジモーメントが増大し、人力による操縦は困難

となるので、油圧、電動モーターなどを動力源とする機力操縦装置 Powered control system が用いられる。通常の機力操縦装置では、操縦桿などは舵面と直接繋がっておらず、油圧式の場合、パイロットが操縦桿などを操作すると、繋がっている作動制御バルブが切り換わり、舵面を作動させるための動力がアクチュエイターActuator に供給されて舵面が動く。従って、操舵力は飛行速度や舵角に関係なく極めて軽くなるので、人工舵感装置が必要となる。また、このように舵面に働く空気力を作動制御部分で遮断してしまう方式を不可逆（非可逆）式という。

3．保舵力とトリム

パイロットが、機体をある姿勢にして、その状態を維持するために操縦桿などに力を加え続けなければならないとき、その力を保舵力という。この力を必要とする状態が続くと、パイロットは、機体の姿勢を保つことに注意を払わざるを得ず、外部見張り、エンジン計器のモニター、航法の実施など、その他の重要な作業も合わせると、仕事量が過多になってしまう。また肉体的にも疲労するから、パイロットにとって保舵力をなくすことは、飛行するときに大変重要なことである。保舵力を必要としない、すなわち各軸回りのモーメントが零の状態をトリム状態 In trim といい、この状態にすることを「トリムをとる」という。パイロットは、後で述べるように、機体の姿勢や諸元、エンジンの出力、飛行速度などを変化させたときには各軸回りのモーメントが変化するので、保舵力をなくすために「トリムをとり直す」ことを意識していなければならない。また、方向舵を操作すると、偏揺れモーメントばかりではなく横揺れモーメントも変化するので、方向舵トリムを調整したときは、補助翼トリムも取り直す必要がある。（12.3節、17.1節参照）一方、「トリムをとる」のは保舵力をなくすためなのだから、原則として、飛行中の一時的な姿勢の変化の際にはトリムをとるべきではない。また、機体がある飛行速度でトリム状態にあるとき、その速度をトリム速度 Trim speed という。

「トリムをとる」方法として、タブを用いる、直接舵面に舵角を与える、可動式水平尾翼のように翼面全体を動かす、などがある。

（１）トリムタブと固定タブ

タブによってトリムをとるには、操舵力軽減用のタブを併用して、あるいは専用のトリムタブ Trim tab を用いて行う。図10.15に示されているのは、専用のトリムタブである。パイロットが操舵を行い、舵面を図のような

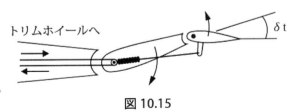

図 10.15

舵角にして機体をある姿勢に変化させたとき、トリムタブを舵面と反対方向に折り曲げることにより、舵面の空気力によるモーメントと釣り合う反対方向のモーメントが、トリムタブによって生じるようにタブ角 δt をとり、タブがその角度にとどまるようにトリム位置をセットすれば、所望の姿勢を保つのに必要な保舵力をなくすことができる。この後、舵面はこの位置を中立位置として操作される。トリム位置の調節は、昇降舵ではトリムホイール Trim wheel など、方向舵・補助翼ではトリムノブ Trim knob を操作して行う。

固定タブ Fixed tab or Ground adjustable tab は、舵面およびトリムタブを中立位置にしたとき、機体に横揺れや偏揺れの傾向がある場合に、このくせを直すために方向舵あるいは補助翼の後縁に取り付けられるもので、巡航のように長時間の定常水平飛行で保舵力が零になるように地上で調節される。

（2）直接舵面に舵角を与える方法は、機力操縦で用いられ、舵面が保舵力をなくすのに必要な舵角になったとき、その位置を中立位置としてセットする方法である。

（3）可動式水平尾翼については、11・3節で述べる。

10・5　プロペラの回転の影響

欧米で製造される飛行機用エンジンは、ほとんどが後方から見て右回り（時計回り）に回転するので、この項では、右回り牽引プロペラの飛行機について説明する。

プロペラの回転により推力を得る飛行機では、回転しているプロペラが飛行機の安定性や操縦性に大きな影響を及ぼす。回転しているプロペラの影響には次のようなものがある。

1．プロペラ後流 （9・2節参照）

プロペラのブレードの断面は主翼の翼型と全く同じであるから、プロペラは回転して進む翼型である。また、プロペラは回転面の前方の空気を後方に加速して流している。従って、プロペラの後流はらせん状に回転しながら流れ、その速度は飛行速度より大きい。図 10.16 に示すように、加速したプロペラ後流 Slipstream に覆われた主翼部分の揚力は増大する。また、特に単発機では、加速したプロペラ後流が水平尾翼や垂直尾翼に流入するので、エンジン出力を増加させると、昇降舵や方向舵の効きがよくなる。

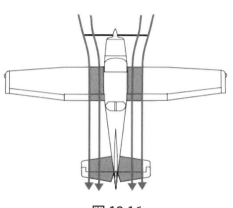

図 10.16

エンジン出力を増加させると、水平尾翼へ流入するプロペラ後流の速度が増加するため、水平尾翼に生じる下向きの揚力が大きくなり（11・1節参照）、機首上げモーメントが増加し、減少させると、反対に、機首下げモーメントが増加する。

図 10.17 のように、単発機では、プロペラ後流は胴体を右回りに取り巻くように流れているため垂直尾翼の左側に当るので、垂直尾翼に力 F

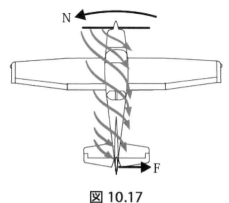

図 10.17

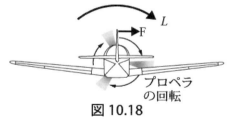

図 10.18

が働く。そのため、垂直軸回りに機首を左に向ける偏揺れモーメント N を生じ、また図 10.18 のように縦軸回りに機体を右に傾ける横揺れモーメント L（揚力と

の混同を避けるため斜体で表す）を生じる。飛行速度が小さく、かつプロペラの回転速度が大きいときには、らせん回転の間隔が詰まってきて垂直尾翼に当たる角度が大きくなるので、この回転後流 Corkscrewing slipstream の影響は強くなる。

2．エンジントルクの反作用

エンジントルクの反作用 Torque reaction は、ニュートンの力学第3法則「作用・反作用」に関わるものである。すなわち、図 10.19 のように、エンジンがプロペラを右に回転させるためにトルクを加えると、反作用で機体には同じ大きさのトルクが逆方向に働くので、左横揺れモーメント L が生じる。このモーメントと上述の回転後流による横揺れモーメ

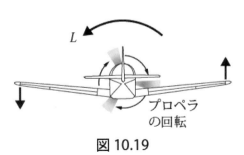

図 10.19

ントは、互いに回転方向が反対になる。また、エンジンが高出力のときほど、この影響は大きくなり、特にエンジン出力を急に変化させると、それまでのトルクのバランスが急に崩れるので、この影響が大きく現れる。

離陸滑走中は、トルクの反作用によって右車輪に比べ左車輪の方に大きい荷重がかかるため地面との摩擦力が大きくなるので、機首を左に向ける偏揺れモーメントが生じる。

3．ジャイロ効果

ジャイロには、摂動 Precession という性質がある。摂動とは、ジャイロの回転面を傾けるような力が加えられると、回転方向に 90°進んだ回転面の位置に、その力が回転面に垂直に働く性質をいう。回転する飛行機のプロペラは一種のジャイロであるから、同様の性質を持っている。従って、プロペラの回転面を傾けるような力が加えられたときは、その力が加えられた位置によって縦揺れモーメントが生じることもあるし、偏揺れモーメントが生じることもある。例えば、図 10.20 のように、機体が右旋回すると、プロペラ回転面の a 点に力 F が加えられることになるから、90°進んだ位置 b 点に力 R が働くので機首下げモーメントが生じ、同様に、機首上げすると、機首を右に向ける偏揺れモーメントが生じる。すなわち、垂直軸回りの偏揺れは縦揺れモーメントを生み、横軸回りの縦揺れは偏揺れモーメントを生むことになる。このような現象をジャイロ効果 Gyroscopic effect という。

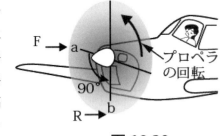

図 10.20

プロペラのジャイロ効果は、プロペラの回転数が大きいほど、また横軸あるいは垂直軸回りの運動の角速度が大きいほど大きくなる。

4．プロペラの非対称荷重（9・2節参照）

プロペラブレードには、ブレードの回転速度とプロペラ回転面を通過する一般流の速度が合成された速度の相対流が流入する。プロペラの回転軸と一般流の方向が平行でないときは、ブレードのプロペラ回転面における位置によって、この相対流のブレードに対する

相対速度と迎え角が異なる。ブレードは翼型なので、これにより発生する空気力（推力）も異なるから、推力軸がプロペラの回転軸からずれる。その結果、機体には偏揺れモーメントが生じる。これをプロペラの非対称荷重 Asymmetric loading あるいはピーファクター P-Factor という。

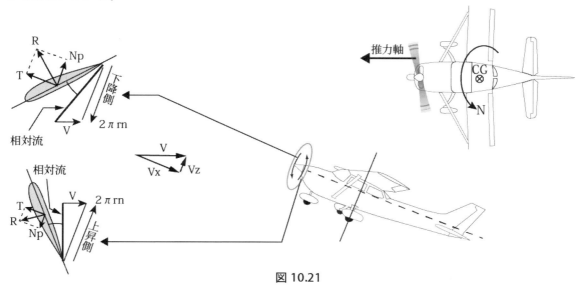

図 10.21

　相対流のブレードに対する相対速度の差について、大きな迎え角で飛行している機体を例に考えてみる。図 10.21 で明らかのように大きな迎え角で飛行している飛行機に対して、一般流の速度 V は、プロペラ軸方向の速度成分 V_x とプロペラ回転面方向の速度成分 V_z に分けることができる。プロペラ軸方向の速度成分 V_x は、プロペラ回転面に対して同じ速さであるが、プロペラ回転面方向の速度成分 V_z について考えると、下降側ブレードの相対流の速度の大きさは、プロペラの回転速度 $2\pi rn$ に V_z が加わったものになり、一方、上昇側ブレードの相対速度の大きさは、プロペラの回転速度 $2\pi rn$ から V_z を除いたものになるので、相対速度の大きさは下降側ブレードの方が大きくなる。また、下降側ブレードに対する相対流の迎え角も上昇側ブレードに対する迎え角より大きくなるので、発生する推力 T は下降側ブレードの方が大きい。
従って、推力軸は、後方から見てプロペラ回転軸より右にずれる。このようにして、機体に左偏揺れモーメント N が生じる。

　飛行しているとき横滑り角（12・1 節参照）があると、同様にして縦揺れモーメントが生じる。例えば右に横滑りすると、図 10.22 のようにプロペラ回転面方向の速度成分 V_y が生じるので、推

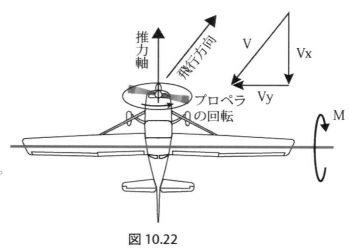

図 10.22

力軸はプロペラ回転軸より上方にずれるため機首下げモーメント M が生じ、左に横滑りすると機首上げモーメントが生じる。

5．プロペラを通過する気流の運動量変化

　図 10.21 で示されるように、ブレードに生じるプロペラ回転面に平行な力 N_P は、下降側ブレードの方が上昇側ブレードより大きいので、プロペラ回転軸を上方に向ける垂直力を生じる。このことは、プロペラ回転面を通過する気流の運動量変化からも分かる。プロペラ回転面を通過する気流の方向がプロペラ回転軸と平行ならば、回転面を通過した後も方向は変化しないが、機体が迎え角を持って飛行しているときは、図 10.23 のように回転面の前後で気流の運動量が変化するので、プロペラ回転軸に垂直方向に力 N が働き、牽引プロペラでは、重心 CG がプロペラの後方にあるので機首上げモーメントが生じる。この機首上げモーメントは、迎え角が大きいほど気流の方向変化が大きいので大きくなり、またエンジン出力が大きいほど回転面を通過する気流の流量が大きくなるので大きくなる。

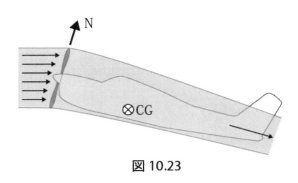

図 10.23

　なお、二重反転プロペラによって、プロペラ回転後流、エンジントルクの反作用、ジャイロ効果、非対称荷重の影響をなくせるが、構造が複雑になるのであまり普及していない。

第 11 章　縦の安定と操縦

11・1　縦の静安定

　縦の静安定 Longitudinal static stability とは、定常飛行しているときに外力が働いて迎え角が変化したとき、元の定常飛行しているときの迎え角に戻ろうとするのかどうかの傾向をいう。すなわち、機体の迎え角が増加・減少したとき、元の迎え角に戻そうとして、横軸回りに迎え角を減少・増加させる縦揺れモーメントが生じれば、縦の静安定は正である。

　なお、ここでは主に水平安定板 Horizontal stabilizer と昇降舵とタブで構成される水平尾翼 Horizontal tail について述べる。（口絵参照）

1．縦揺れモーメントと水平尾翼

　まず、飛行機の胴体のモーメントについて考えてみる。図 11.1 は、飛行機の胴体は、8・3 節で示されたような回転体であるとして、一様な流れに置かれた胴体の圧力分布を表している。図から明らかなように、胴体に揚力は発生しないものの、外力により機首上げ姿勢になると、機首上げモーメントが発生し、より機首上げ姿勢になる。すなわち、静安定は負となるので、胴体は不安定要因になる。

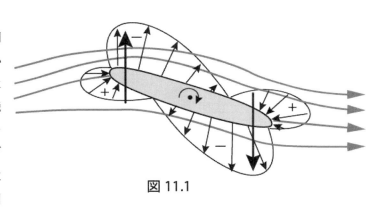

図 11.1

　図 11.2 のように、この胴体に主翼のみを取り付けた水平尾翼のない飛行機を考え、水平直線飛行時に、ある迎え角で釣り合い状態にあるとする（左図）。この飛行機の主翼が通常の正のキャンバー翼型であれば、外力が働いて縦揺れし、機首上げ姿勢になって迎え角が少し増加すると、釣り合い状態に比べ、風圧中心 CP は前方へ移動し同一速度ならば揚力 L も増加するので、機首上げモーメント M が生じる（右図）。また胴体もこの傾向を助長するから、迎え角は更に増加し、機首上げモーメントは一層増加する。このようにして、元の釣り合い

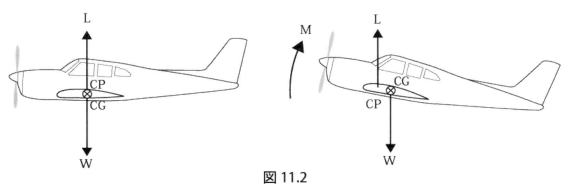

図 11.2

状態から離れて行くから静的に不安定である。

次に、この飛行機に水平尾翼を取り付けたときのことを考える。ほとんどの飛行機は、重心 CG を風圧中心 CP より前方に置き、水平尾翼は下向きの揚力 L_h を発生するように設計されているので、通常の迎え角の範囲で定常水平飛行しているときの釣り合い状態は、図11.3上図のようになっている。このとき、外力が働いて機首上げ姿勢になって迎え角が増加すると、主翼では、揚力 L は増加するものの、CP が前進するため CG と CP の距離 a は減少するので、機首下げモーメント M´（= L×a）はほとんど変わらない。一方、水平尾翼では迎え角が増加し、機速は低下するので水平尾翼に生じる下向きの揚力 L_h が減少する。従って、CG から水平尾翼の風圧中心までの距離を l とすると、機首上げモーメント M（= L_h×l）は減少するので、全体としては機首下げモーメントが増加するため、元の釣り合い状態に

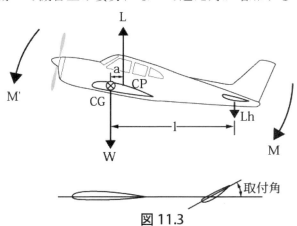

図11.3

戻る。また、迎え角が非常に大きく増加したときには、水平尾翼は上向きの揚力を生じて機首下げモーメントが発生するため、元の釣り合い状態に戻る。従って、縦の静安定は正となる。このように CG が CP の前方に位置していると、迎え角の変化による揚力の変化と CP の移動によって生じる縦揺れモーメントの変動を小さくすることができ、また主翼が失速したとき、機首が自然に下がり、失速時の過大な迎え角状態を解消しやすい。水平尾翼に、通常の迎え角の範囲で飛行中は下向きの揚力を発生させ、かつ大きな迎え角のときには上向きの揚力を発生させるために、図11.3下図のように主翼の翼弦線の延長線に対して下に傾けて取り付け、その翼型には対称翼型を用いることが多い。また、水平尾翼全体を可動にして縦安定を確保する大型ジェット旅客機では、負のキャンバー翼型を用いたりしている。

主翼が失速したとき、機体を元の釣り合い状態に回復させるためには、水平尾翼によって生じる縦揺れモーメントが不可欠なので、水平尾翼の失速をできるだけ遅らせる必要がある。そのため、主翼よりアスペクト比は小さく、後退角を付けることもある（口絵参照）。

2．全機の縦揺れモーメント

全機の縦揺れモーメントについては、全機の重心回りのモーメントを考えればよいので、6・12節で述べた翼型の縦揺れモーメントと同様に、次の式で表される。

$$M_{CG} = C_{m-CG} \cdot \frac{1}{2}\rho V^2 \cdot S \cdot c \tag{11-1}$$

ただし、M_{CG}：重心回りの縦揺れモーメント
C_{m-CG}：重心回りの縦揺れモーメント係数、c：平均空力翼弦長

式(11-1)の C_{m-CG} 以外の値はすべて（＋）なので、C_{m-CG} が（＋）ならば M_{CG} も（＋）で機首上げモーメント、C_{m-CG} が（－）ならば M_{CG} も（－）で機首下げモーメントになる。

図11.4は、迎え角 α（横軸 α の原点を零揚力角の値とする）に対する重心回りの縦揺れモーメント係数 $C_{m\text{-}CG}$ の変化を重心位置一定の条件で表したものであり、通常の迎え角の範囲では直線になる。この直線の勾配を $C_{m\alpha}$ とすると、実線のように $C_{m\alpha}<0$、すなわち右下がりの勾配をもてば、ある迎え角で釣り合い状態にあるとき（A点）、外力によって迎え角が増加すると（B点）、B→Cに相当する機首下げモーメントが生じ、外力によって迎え角が減少すると、逆に機首上げモーメントが生じるから、縦の静安定は正であり、右下がりの勾配が大きいほど静安定は増す。水平尾翼がある飛行機がこれに当たる。一方、点線のように $C_{m\alpha}>0$、すなわち右上がりの勾配をもつ場合、これとは逆に迎え角の変化をより大きくする縦揺れモーメントが生じるから、縦の静安定は負になる。水平尾翼のない飛行機がこれに当たる。

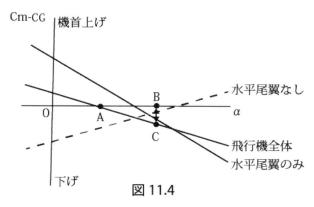

図11.4

$C_{m\alpha}$ を決定する係数の1つに水平尾翼容積比 V_H があり、次の式で表される。

$$V_H = \frac{S_h \cdot l}{S \cdot c} \tag{11-2}$$

ただし、S_h：水平尾翼面積、S：主翼面積、l：重心から水平尾翼の風圧中心までの距離
V_H が大きくなるにしたがって、$C_{m\alpha}$ は減少する。すなわち、勾配は右下がりの方向に大きくなり、縦の静安定は増す。

縦の静安定について、耐空性審査要領では、トリム速度未満の速度を維持するためには操縦桿を引くこと、またトリム速度を超える速度を維持するためには操縦桿を押すことが必要であること、および操舵力対速度曲線が安定した右上がりの勾配を有しなければならないことと定められている（3節2項参照）。

3．縦揺れモーメントと縦の静安定に対する影響

a．水平尾翼面積

式(11-2)より明らかなように、水平尾翼面積 S_h が大きいほど、水平尾翼容積比 V_H が大きくなり、縦の静安定は増す。

b．重心から水平尾翼の風圧中心までの距離

式(11-2)より、重心から水平尾翼の風圧中心までの距離 l が大きいほど、V_H が大きくなり、縦の静安定は増す。従って、図11.3から明らかなように、重心位置が前方にあるほど水平尾翼の風圧中心との距離 l が増加するので、縦の静安定は増す。

重心位置を縦揺れモーメント係数が変化しない空力中心の近くにすれば、重心回りの縦揺れモーメントは、迎え角による変動が小さくなり、また主翼の揚力による重心回りの縦揺れモーメントが過大になるのを避けられるので、縦の静安定が増す。

c．速度

飛行機がある速度でトリム状態にあり定常飛行しているとき、外乱により速度が増加した場合、主翼からの吹き下しが強くなり、水平尾翼の下向きの揚力が増加するので、機首上げモーメントが生じ、迎え角がより大きくなることで元の速度に戻そうとする。速度が減少した場合は、逆に機首下げモーメントが生じ、迎え角がより小さくなることで元の速度に戻そうとする。従って、トリム速度より高速になると機首上げモーメント、低速になると機首下げモーメントが増加する。飛行機は、定められたように運用されれば、このように速度に関して安定な傾向を有している。

d. エンジン出力とプロペラの回転

　推力 T の方向（プロペラ回転軸）を推力線 Thrust line いう。図 11.5 に示したように、エンジン出力を増すと、推力線が重心の下方を通る機体では機首上げモーメントが増加し、上方を通る機体では反対に機首下げモーメントが増加する。10・5 節で述べたように、エンジン出力を増加させると、プロペラ後流により機首上げモーメントが増加するので、推力線が重心より下方にあると、機首上げモーメントは一層大きくなり、飛行機の安定を損ね操縦を難し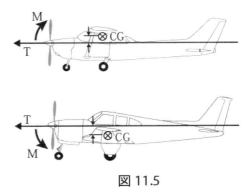

図 11.5

くする。そこで、この傾向を弱めるために推力線が重心の上方を通るように設計されることが多い。

　プロペラの回転については、そのほかジャイロ効果およびプロペラによる運動量変化の効果が影響する。プロペラによる運動量変化の効果は、プロペラが重心より前方に位置する場合（牽引プロペラ）は縦の静安定を低下させ、重心より後方に位置する場合（推進プロペラ）は静安定を増加させる。（10・5 節参照）

e. 地面効果　（8・6 節参照）

　機首下げモーメントが増加する。

f. フラップ位置

　フラップを下げたとき、縦揺れモーメントの釣り合い状態に変化が生じる。

① 図 11.6 に示すように、主翼の吹き下ろしが増加し、水平尾翼の迎え角が負の方向に増大するので下向きの揚力が大きくなるため、機首上げモーメント M が大きくなる。

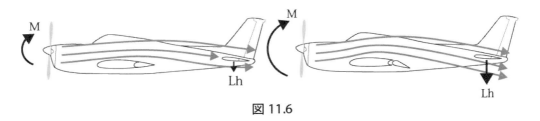

図 11.6

② 8・7 節（図 8.11）で述べたように、フラップを下げると、風圧中心は後方へ移動する。

また揚力係数も増大するので、機首下げモーメントが大きくなる。

機首上げとなるか、機首下げとなるかは、①と②の二つの傾向の相対的な大きさによるので、機種によって異なる。

4．昇降舵自由・固定の静安定

ここまでは昇降舵をある舵角で固定したとき、すなわち舵固定の静安定について述べた。一方、操縦桿から手を離して昇降舵を自由にしたときの舵自由の静安定について考えると、10・3節で述べたように外乱によって一般流の方向が変化したとき、昇降舵は相対流に沿う方向に向いてしまうため水平尾翼の有効な揚力が減少するので、復元モーメントは小さくなる。図 11.7 は、舵自由および固定のときの迎え角 α と重心回りの縦揺れモーメント係数 $C_{m\text{-}CG}$ の関係を表したもので、昇降舵自由の方が、右下がりの傾きが小さく、静安定が弱くなるのが分かる。

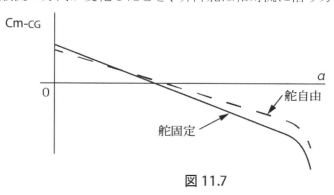

図 11.7

11・2 縦の動安定

飛行機が定常飛行をしているとき、気流の乱れに遭遇して、あるいは操縦桿などを動かして釣り合い位置から外れたときの飛行機の反応運動は振動運動であり、舵固定か、あるいは舵自由かによって異なる。大多数の小型プロペラ機の操縦系統は可逆式なので、ここでは舵自由の運動について考える。図 11.8 のように、昇降舵自由の運動には、大別して、長周期モードと短周期モードがある。長周期モードはフゴイドモード Phugoid mode とも呼ばれ、また短周期モードで減衰が弱いとき、ポーポイズ Porpoising という。

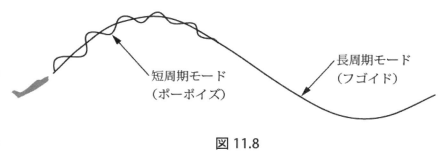

図 11.8

a．フゴイドモード

フゴイド運動は、縦揺れ角が変化し、それにともなって高度、速度もかなり大きくゆっくりと変化するが、各瞬間の飛行経路における迎え角は、ほぼ一定である。この運動の間、位置エネルギーと運動エネルギーが緩やかに交互に変換されている。フゴイド運動は、パイロットが操縦することにより、比較的容易に抑えることができる。

b．ポーポイズ

ポーポイズの周期は短く、数分の1秒から数秒程度である。ポーポイズが起きたとき、

上述のように昇降舵を中立位置に保持すれば、すなわち昇降舵固定にすれば、比較的短時間で振動は収束する。ポーポイズを操縦によって止めようとして昇降舵を動かすと、パイロットの操縦による運動の周期と、この振動運動の本来の周期との相互作用によって、かえって縦揺れモーメントを増大させてしまうことがある。この現象を Pilot-Induced Oscillation (PIO)という。 PIO の要因としては、パイロットの判断・動作の時間遅れ、操縦系統作動および機体運動の応答遅れなどがある。PIO 状態になると、比較的低速で飛行しているときは、乗り心地が悪くなる程度であるが、高速で飛行しているときは、過大な荷重がかかり、機体が破損することがある。また、ポーポイズは大型機ほど起こりやすいので、ピッチダンパーと呼ばれる減衰装置を装備することもあるが、通常の自動操縦装置は、この機能を備えている。

以上の振動運動に対する減衰力は、水平尾翼の上下運動による空気力の変化によって生じ、飛行機が動的に安定であれば、これらの振動運動は収束する。

耐空性審査要領では、短周期モードの振動は、舵固定・自由に関わらず急速に減衰すること、長周期モードの振動（フゴイド）は、機体の危険性の増大やパイロットの仕事量の増加を招くような不安定なものであってはならないことが定められている

11・3　縦の操縦 Pitch control
1. 水平尾翼

図 11.4 に示されているように、水平尾翼がある飛行機は、ある迎え角（A 点）で釣り合い状態にあるが、釣り合い状態となるのは、この迎え角のときのみである。ところが飛行機は、速度やフラップ位置などの変化による縦揺れモーメントの変動に応じて異なる迎え角で釣り合い状態にならなければならない。様々な迎え角で釣り合い状態とするために、すなわち縦の操縦を行うために、水平尾翼に昇降舵を取り付けて操作する方法や水平尾翼（水平安定板）の取付角を変えられるようにする方法がある。

昇降舵の舵角を変え、それを保持していると、水平尾翼のキャンバーが変化して揚力が変化するので、機体の姿勢は、その舵角に対応した釣り合い姿勢に変化する。すなわち、機体の姿勢は、昇降舵の舵角に対応したピッチ角となる。図 11.9 は、昇降舵角をパラメーターとして迎え角 α と重心回りのモーメント係数 $C_{m\text{-}CG}$ の関係を示したものである。この図の A、C、D は、それぞれ昇降舵角が零、上げ舵角、下げ舵角のときの釣り合い姿勢となる迎え角を表す。昇降舵角が零での釣り

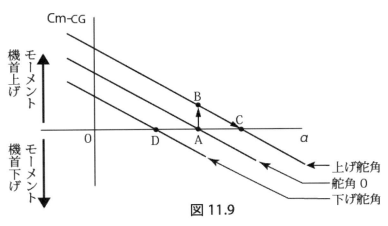

図 11.9

合い姿勢（A 点）で上げ舵角をとり、それを保持していると（B 点）機首上げモーメントが生じるため、機首が上がり始める。機首が上がるにつれて、α が大きくなっていくので、水平尾翼に生じる下向きの揚力は次第に減少するため、機首上げモーメントが小さくなっていき、最終的に上げ舵角での釣り合い姿勢（C 点）になる。

このとき、エンジン出力を増加させて速度を維持すれば、機体は上昇する。一方、エンジン出力を減少させて高度を維持すれば、速度が低下する。このように、直線経路飛行時における昇降舵角は、低速になるほど上げ方向になり、高速になるほど下げ方向となる。図 11.10 は、速度と釣り合い状態の昇降舵角の関係を表したもので、一般に、飛行時間が最も長くなる巡航中での抗力を最小とするために巡航速度において昇降舵角が零でトリム状態になるように設計され、また、3項で述べるように低速になる着陸時に機体を引き起こせる十分な能力を確

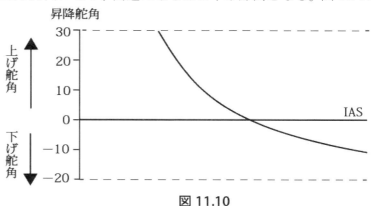

図 11.10

保するために、昇降舵の上げ舵角の方が大きくなるように設計される。また、大きな上げ舵角のときでも昇降舵の効きを確保するために、水平尾翼の下面にボルテックスジェネレーターを取り付けた機体もある（10・4 節参照）。

水平尾翼自体を可動にして水平安定板の取付角を変えられるようにしたものには、昇降舵を持たないスタビレーター Stabilator、フライングテール Flying tail や可動式の水平安定板 Variable incidence horizontal stabilizer と昇降舵を組み合わせた可動式水平尾翼などがある。スタビレーターやフライングテールは翼面積が大きいため、低速時にも舵の効きがよいので取付角の変化も小さくてよいから、抗力の増大も避けられる。このため、比較的低速の小型機にも用いられるようになった。スタビレーターは、構造上操舵力が小さくなるためオーバーコントロール（操舵の過剰）になる恐れがあるので、後縁にアンチバランスタブを

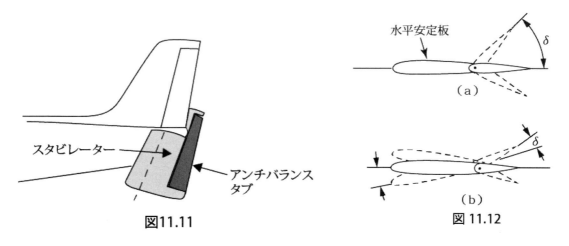

図11.11

図 11.12

取り付けて、操舵力を大きくし、かつ低速時での舵の効きを良くしている。

　可動式水平尾翼は、高速飛行を行うジェット輸送機などに用いられ、水平安定板を油圧あるいは電動モーターで作動する可動式にし、その取付角を変えることによりトリムをとる。水平安定板は翼面積が大きいので、大きな縦揺れモーメントにも対応できるから、重心位置の許容範囲（15・3節参照）が大きくなる。また、図11.12(a)のように昇降舵角δを大きくすると、水平尾翼面上の流速が増加して衝撃波が発生し、昇降舵の効きが低下することがあるが、この方式では、図(b)のように昇降舵が水平安定板の中立位置を中心として動くので舵角δは小さくて済むから、この不具合を避けることができ、抗力の増大も防げる。

2．操舵力

（1）1g当りの操舵力

　旋回したり、降下姿勢から引き起こしをすると、見かけの重力（遠心力と機体重量の合力）により機体にかかる荷重が増大する。荷重倍数（13・1節参照）を1g変化させるのに必要な操舵力を1g当たりの操舵力 Stick force per g という。この値は運動性の指標となるもので、値が小さいほど運動性はよくなるが、小さ過ぎると舵が軽く僅かな操舵で大きな荷重を生じ、機体を損傷させる恐れがある。逆に大き過ぎると、舵が重くパイロットが疲労しやすくなる。従って、1g当たりの操舵力に上限と下限がある。1g当たりの操舵力の上限は、縦揺れの最大操舵力が操縦輪の場合75lbと規定されているので、正の制限運動荷重倍数（14・1節参照）をnとすると、制限運動荷重倍数当たりの最大操舵力は 75/n [lb/g]で表され、耐空類別ごとの値は、A類が12.5 lb/gで最も小さく、U類22 lb/g、N類（n = 3.29の機体の場合）32.8 lb/g、T類50 lb/gの順になるから、高い運動性を要求される飛行機ほど、この値が小さいことが分かる。また、正の制限運動荷重倍数を得るのに必要な最小操舵力も規定されているので、1g当たりの操舵力の下限もある。

（2）操舵力と速度の関係

　飛行機がトリム速度で定常飛行しているときは、保舵力は零であるから昇降舵を自由にすることができる。このとき、トリム速度より大きい速度で飛行するためには操縦桿を押し、トリム速度より小さい速度で飛行するためには操縦桿を引くというのが、パイロットの通常の操舵である。

　図11.13は、操舵力F_sと速度V（EAS）の関係を示すもので、この曲線を操舵力対速度曲線という。静安定が正の機体で昇降舵自由の場合、操舵力対速度曲線は勾配dF_s/dVが右上がりの放物線となり、また重心が前方にあるほど勾配は大きくなる。この場合、トリム速度より大きい速度で飛行するためには操縦桿を押し、小さい速度で飛行するためには操縦桿を引くことになり、パイロットには自然な操舵感覚となる。一方静安定が負の場合、放物線の形は逆になり、点線のように

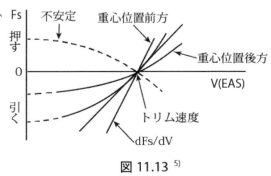

図 11.13 [5]

勾配は右下がりとなって、トリム速度より大きい速度で飛行するためには操縦桿を引かねばならなくなってしまい、極めて不自然な操舵感覚になる。パイロットの舵感は、主としてこの勾配から生じ、勾配が右上がりの方向に大きいと、外乱などで速度が変化したとき元の速度に戻りやすいが、舵は重いと感じる。なお、T類では、昇降舵の最小操縦力はこの操舵力対速度曲線の勾配によって規定されている。

3．縦の安定と操縦に与える重心位置の影響

重心位置は、縦の安定性と操縦性に大きく影響する。

（1）縦の静安定に対する影響

図 11.14 は重心位置をパラメーターとして、昇降舵固定のときの迎え角 α と重心回りの縦揺れモーメント係数 $C_{m\text{-}CG}$ の関係を表したもので、重心位置が前方にあるほど静安定は増し、後方へ移動するにつれて、勾配 $C_{m\alpha}$ の右下がりの傾きは小さくなって静安定は低下し、ある重心位置で $C_{m\alpha}$ は零になる。このとき縦の静安定は中

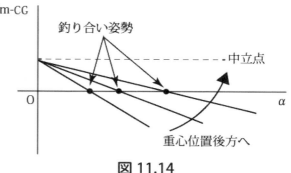

図 11.14

立となり、これより後方に移動すると、$C_{m\alpha} > 0$ になって静安定は負となる。$C_{m\alpha} = 0$ のときの重心位置を舵固定の中立点という。舵自由の静安定の場合も同様であり、勾配が零のときの重心位置を舵自由の中立点という。

（2）縦の操縦に対する影響

飛行しているとき、姿勢を変化させるために、釣り合い姿勢の迎え角を変えようとして昇降舵を操舵すると、機体が持つ静安定のため、重心回りに元の釣り合い姿勢に戻そうとする縦揺れモーメントが働く。重心位置が前方にあるほど静安定は増し、この復元モーメントは大きくなるから、姿勢を変化させるときの 1g 当たりの操舵力は増加し、また大きな昇降舵角が必要となる。図 11.15 は、1g 当たりの操舵力の変化と重心位置の関係を高度一定の条件で示したもので、重心位置が前方にあるほど 1g 当たりの操舵力は大きくなり、後方へ移動するにつれて減少することが分かる。

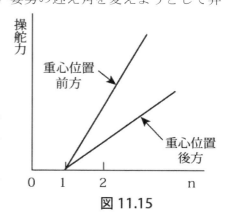

図 11.15

（3）重心位置の前方限界

上述のように重心位置が前方にあるほど 1g 当たりの操舵力および必要な昇降舵角は大きくなるので、前方限界は操縦性を考慮し、次の条件を満たすように決定される。

① 1g 当たりの操舵力が、2項（1）に記された最大値を超えない。
② 昇降舵を最大の上げ舵角にするまでに、最大揚力係数 $C_{L\text{-max}}$ が得られる。

着陸時の引き起こしの間は、低速であり、かつエンジンが低出力なのでプロペラ後流（10・

5節参照）が弱いから、昇降舵の効きが悪く、地面効果の影響で機首下げモーメントが大きい。このため、①、②両方について最もクリティカルになる。また機体重量が大きいと、慣性モーメントが大きくなるので、同一迎え角変化に対する操舵力が大きくなる。従って、通常、重心位置の前方限界は、着陸時の最大の重量（最大着陸重量）における引き起こし能力、すなわち①と②を満たす操縦性によって決定される。

（4）重心位置の後方限界

　重心位置が後方にあるほど、静安定は低下し、1g当たりの操舵力は小さくなる。従って、後方限界は安定性を考慮し、次の条件を満たすように決定される。

①　1g当たりの操舵力が、最小値を下回らない。

②　舵自由で静安定が得られる。

　離陸直後の上昇中は、エンジンが高出力なのでプロペラ後流の流速が大きいから、昇降舵の効きが良く、低速なので大きな機首上げ姿勢となるからプロペラでの運動量変化による機首上げモーメントが大きく、地面効果の影響がなくなり、機首下げモーメントが減少する。このため、離陸時に過大な機首上げ姿勢となりやすいので、失速角に対する余裕が減少し、失速・スピンを起こす可能性が増す。また機体重量が大きいと、運動性が低下するので、この状況は悪化する。従って、通常、重心位置の後方限界は、離陸時の最大の重量（最大離陸重量）における安定性によって決定される。

第 12 章　方向および横の安定と操縦

12・1　方向の静安定

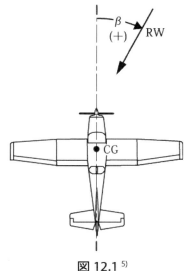

図 12.1 [5)]

　方向の静安定 Directional static stability とは、横滑りなしで定常飛行しているときに外力が働いて横滑り Sideslip をしたとき、元の横滑りなしの状態に戻ろうとするのかどうかの傾向をいう。すなわち、機体が横滑りしたとき、垂直軸回りに横滑りをなくすような偏揺れモーメントが生じれば、言い換えれば、相対流 Relative wind : RW の方向に機首を向ければ、方向の静安定は正であり、風見安定とも呼ばれる。

　横滑り角 Sideslip angle は、図 12.1 に示すように、相対流に対する機体の縦軸の角度であり、β で表す。なお、この図のように相対流が縦軸の右に位置するとき、すなわち右へ横滑りしているときを（＋）とする。

　横滑り角は機体の横方向の迎え角と考えてよく、従って方向安定のみならず横安定を考えるときにも基礎となるものである。

　なお、ここでは垂直安定板 Vertical fin と方向舵とタブで構成される垂直尾翼 Vertical tail について考察する（口絵参照）。

1. 横滑りおよび偏揺れモーメントと垂直尾翼

　図 12.2 に示すように、一般に、相対流によって胴体に働く空気力 R_F の作用点は重心 CG より前方にあるので、横滑りが起きたとき、垂直軸回りに横滑り角を増大させるような偏揺れモーメントを生じるため、胴体は縦の静安定の場合と同様に静安定を負にする要因となる。胴体に垂直尾翼を取り付けると、相対流によって垂直尾翼に働く空気力 R_V により、胴体による偏揺れモーメントと反対方向の偏揺れモーメントが生じるので、この復元モーメントを十分に大きくすれば、静安定を正とすることができる。

　垂直軸回りの偏揺れモーメント N は、次の式で示される。

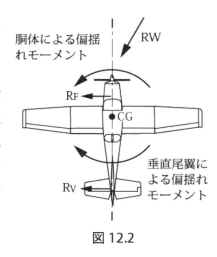

図 12.2

$$N = C_n \cdot \tfrac{1}{2}\rho V^2 \cdot S \cdot b \tag{12-1}$$

ただし、C_n：偏揺れモーメント係数（右回りが(＋)）、b：翼幅

　方向の静安定は、図 12.3 のように、横滑り角 β に対する C_n の変化で表される。図の実線で比較的小さい横滑り角のときは、例えば飛行機が釣り合い状態から右へ横滑りすると、機首を右に向ける偏揺れモーメントが生じ、相対流の方向に機首を向けて横滑りをなくすから

方向の静安定は正である。また曲線の勾配が大きいほど、静安定は増す。ところが、横滑り角が大きくなると、ある横滑り角付近では中立となり、それ以上の横滑り角では不安定となっている。しかし、この方向の不安定は、通常の飛行状態における横滑り角では起きない。一般に飛行機は、このような傾向を示す。点線の場合

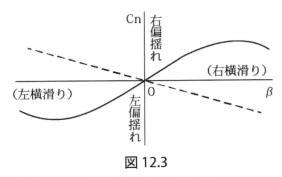

図12.3

は、これとは反対に、方向の静安定は負になる。胴体のみの場合がこれに当たる。

水平尾翼の場合と同様に、曲線の勾配を決定する係数の1つに垂直尾翼容積比 V_V があり、次の式で表される。

$$V_V = \frac{S_V \cdot l}{S \cdot c} \tag{12-2}$$

ただし、S_V：垂直尾翼面積、l：重心から垂直尾翼の風圧中心までの距離
　　　　S：主翼面積、c：平均空力翼弦長

V_V が大きくなるにしたがって、曲線の勾配は大きくなるので、方向の静安定は増す。

主翼および水平尾翼が失速し、機体が自転あるいはスピン（17・2節参照）に入っても、垂直尾翼が有効に働き、高度に余裕があれば、機体のコントロールが回復できるから、垂直尾翼の失速をできるだけ遅らせる必要がある。そのため、主翼よりアスペクト比は小さく、翼厚比は大きくなっており、また後退角を持っていることが多い（口絵参照）。

方向の静安定について、耐空性審査要領では、通常の飛行段階におけるすべての飛行形態において正であることと定められている。

2．偏揺れモーメントと方向の静安定に対する影響

a．垂直尾翼面積

式(12-2)より明らかなように、垂直尾翼面積 S_V が大きいほど垂直尾翼容積比 V_V が大きくなり、方向の静安定は増す。

b．重心から垂直尾翼の風圧中心までの距離

式(12-2)より、重心から垂直尾翼の風圧中心までの距離 l が大きいほど、V_V が大きくなり、方向の静安定は増す。従って、重心位置が前方にあるほど、方向の静安定は増す。

c．主翼の後退角

後退角 Λ の効果を調べるために上反角もテーパーもない後退翼を考えると、一般流の速度は翼前縁に垂直な成分と前縁に平行な成分に分けることができる。このうち前縁に平行な成分は、主翼の圧力分布に影響しないので、揚力および抗力の大きさは前縁に垂直な成分によって決まる。図12.4に示すように、例えば飛行機が右に横滑りしているとき、

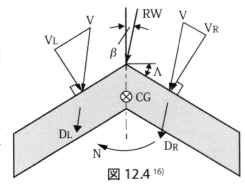

図12.4 [16)]

相対流 RW の速度 V の翼前縁に垂直な成分は、右翼 V_R の方が左翼 V_L より大きいので、右翼の揚力および抗力 D_R が左翼の揚力および抗力 D_L を上回り、この抗力差により垂直軸回りに機首を相対流に向ける偏揺れモーメント N が生じる。従って、主翼の後退角により方向の静安定は増す。

d．多発機の非対称推力と臨界発動機

　多発機の片側エンジンが不作動になったとき、作動エンジンの推力 T および不作動エンジンの抗力 D により、すなわち非対称推力 Asymmetrical thrust により、図 12.5 に示すように、垂直軸回りに偏揺れモーメント N が生じる。この偏揺れモーメントは、右回りプロペラの機体では P ファクターの影響により推力線と垂直軸との距離 a_y が大きくなるので、左側エンジンが不作動となったときの方が大きい。また左側エンジンが不作動になると、機体は左に偏揺れしてジャイロ効果によって機首上げモーメントが増加し、失速に入る危険が増す。従って、左側エンジンが不作動となったときの方が、飛行性に与える影響は悪化する。耐空性審査要領によれば、臨界発動機 Critical engine とは、故障した場合に、飛行性に最も有害な影響を与える発動機であるから、右回りプロペラの多発機では、左側の最も外側のエンジンが臨界発動機となり、左回りプロペラの多発機では、これと反対のエンジンが臨界発動機となる。

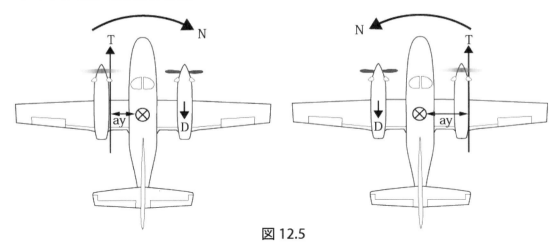

図 12.5

なお、ジェット機の場合は、このような違いはないので、左右の最も外側のエンジンが臨界発動機となる。

e．プロペラの回転（10・5節参照）

　単発機では、プロペラの回転後流によって、および地上ではエンジントルクの反作用によって垂直軸回りに偏揺れモーメントが生じる。プロペラによる運動量変化の効果は、牽引プロペラの機体では、横滑り角が縦の静安定における迎え角と同様な作用をするので方向の静安定を低下させ、推進プロペラの機体では、静安定を増加させる。

f．ドーサルフィン Dorsal fin およびベントラルフィン Ventral fin

　図 12.6 のように垂直尾翼にドーサルフィンを付け加えると、垂直尾翼のアスペクト比は

小さくなる。また、横滑りしたとき、垂直尾翼の下方部の流れは胴体の影響を受けるため、迎え角が上方部に比べ大きくなるので、この部分から剥離、失速が始まるという特徴があるが、ドーサルフィンを付けると、フィンの上端に渦が発生するので、ボルテックスジェネレーターと同様の働きをして、垂直尾翼下方部の気流の剥離を防ぐ。これらの効果によって、図12.7に示すように、垂直尾翼の失速角は大きくなる。また、垂直尾翼面積も大きくなるので、静安定は増す。ベントラルフィンを付け加えると、垂直尾翼面積を大きくする効果があるが、離着陸時に下端を接地させることのないように注意して機首上げしなければならない。

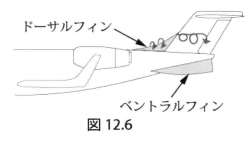

図 12.6

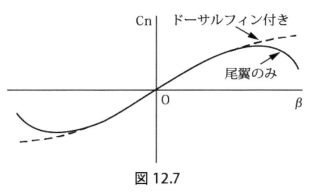

図 12.7

なお、10・3節で述べたように、方向舵自由のときに比べ方向舵固定の方が静安定は増す。

12・2 方向の動安定

方向の動安定については、横の動安定と密接な関係があるので、まとめて5節で述べる。

12・3 方向の操縦 Directional control

1．垂直尾翼

旋回飛行、プロペラの回転、多発機の片側エンジン不作動のときに生じる非対称推力などによって機体には偏揺れモーメントが生じるので、これらを打ち消すモーメントを操縦により加えなければならない。このモーメントを発生させる舵面が方向舵であり、このほか、17・1節で述べる定常的な横滑り状態での飛行とその応用になる横風があるときの離陸および最終進入・着陸やスピンからの回復操作のときも使用される。

（1）旋回飛行（本章6節、13・6節参照）

船の舵の場合とは異なり、飛行機は方向舵のみでは円滑な旋回ができず、補助翼を操作し、縦軸回りに横揺れを生じさせて機体を傾けることで行われる。このとき、逆偏揺れを生じるので、これを抑えるために方向舵を使用する。また、旋回飛行中の内滑りと外滑りを修正し、釣り合い旋回を行うために使用する。

（2）プロペラの回転（10・5節参照）

単発機では、プロペラからの回転後流、また地上ではエンジントルクの反作用によって偏揺れモーメントが生じる。この偏揺れモーメントを打ち消すために、図12.8のように、右回転のプロペラであれば、垂直尾翼を機体の縦軸に対して左へ傾けて取り付ける、エンジン

を縦軸に対して右に傾けて取り付ける、あるいは方向舵のトリムタブや固定タブを調整するなどの対策をとっているが、これらの補正は飛行機が巡航状態で釣合うように調整されているため、その他の飛行状態では、方向舵の操舵が必要となる。

（３）非対称推力

多発機の片側エンジンが不作動になると、非対称推力によって偏揺れモーメントが生じるため機体は旋回するので、これを止めるために方向舵を使用する。

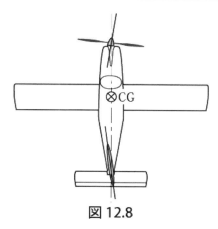

図 12.8

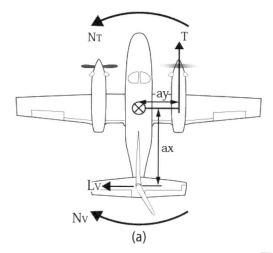
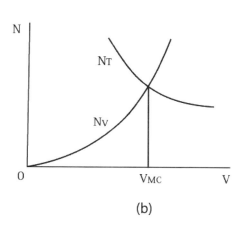

図 12.9

図 12.9(a)のように非対称推力 T による偏揺れモーメントを N_T とし、垂直軸と作動エンジンの推力線との距離を a_y とすると、$N_T = T \cdot a_y$ であり、前述のように臨界発動機が不作動の場合の方が N_T は大きい。一方、方向舵を使用して得られるモーメント N_V は、方向舵角に応じて垂直尾翼に生じる水平方向の揚力 L_V によって作られるから、垂直軸と垂直尾翼との距離を a_x とし、S_V、C_{LV} をそれぞれ垂直尾翼の面積、揚力係数とすると、次の式で表される。

$$N_V = L_V a_x = C_{LV} \cdot \frac{1}{2}\rho V^2 \cdot S_V \cdot a_x \tag{12-3}$$

この式から、対気速度 V が小さいときは、方向舵角を最大にしても N_V は N_T を打ち消すのに十分な大きさにならず、直線飛行を行うことができなくなり、従って、臨界発動機が不作動の状態で、方向舵角を最大にして直線飛行ができる最小速度が存在することが分かる。図 12.9(b) の N_T、N_V〜V 両曲線の交点が、この最小速度であり、最小操縦速度 Minimum control speed：V_{MC} という。

耐空性審査要領では、V_{MC} は、臨界発動機が不作動になった場合に、その状態で飛行機の操縦が保持でき、その後 5°以下のバンク角で同じ速度の直線飛行を保持できる速度（CAS）であって、次の条件で決定されることとなっている。

・重量および重心位置は最も不利な状態であること。

- 地面効果は無視できる高度にあること。
- 全ての発動機は最大離陸出力であること。
- 飛行機は、離陸時のトリムであること。
- フラップは離陸位置にあること。
- 着陸装置は上げ位置にあること。
- 全てのプロペラは、推奨された離陸位置にあること。（可変ピッチプロペラの場合）

V_{MC}は、操縦上最も過酷な動力装置の故障形態で決定されることとなっており、例えば不作動エンジンは、自動フェザーリング機能がない場合、風車状態であることなどと定められている。また、離陸時のV_{MC}が大きいと、操縦の安全に支障をきたすので、最大離陸重量における失速速度V_{S1}（13・1節参照）の1.2倍を超えてはならないこと、V_{MC}における方向舵操舵力は、150lb（68kg）を超えてはならず、かつ、作動発動機の出力を減じる必要があってはならないこと、および、飛行機は、運動中に危険な姿勢を示してはならず、かつ、20°を超える機首の方向変化を防止できるものでなければならないことが定められている。

V_{MC}は、偏揺れモーメントが釣り合う垂直尾翼の揚力についての速度であるから、運航条件によっては失速速度を下回ることがある。次のような要素によってV_{MC}は変化する。

a．バンク角（17・4節参照）

バンク角が大きいほど方向舵角は小さくて済むから、低速まで飛行機の操縦が可能になり、V_{MC}は小さくなる。しかし、ある程度以上になると、作動エンジン側への横滑りが大きくなり、また揚力の鉛直方向成分が小さくなるので、同じ速度ならば迎え角を大きくしなければならず、失速角に近づくので、特に離陸時の機体の状態としては好ましくない。従って、耐空性審査要領では、バンク角は5°までに制限されている。

b．重心位置

式(12-3)から明らかなように、重心位置が後方にあるほどN_vが小さくなるので、V_{MC}は大きくなる。（後方限界が、最も不利な位置になる）

c．空気密度

空気密度が小さい（密度高度が高い）ほど、エンジン出力が減少し、N_Tが小さくなるので、V_{MC}は小さくなる。

地上における最小操縦速度 Minimum control speed on the ground：V_{MCG}は、C類、T類に適用される。V_{MCG}は、臨界発動機が不作動となった場合でも方向舵のみを使用して、飛行機の方向の操縦が保持できる速度であり、非対称推力による偏揺れモーメントが最大となる離陸出力で離陸滑走中という条件で決定される。ただし、横風の影響は考慮されない。なお、V_{MCG}との区別を明確にするため、V_{MC}をV_{MCA}：Minimum control speed in the air と表すことがある。

耐空性審査要領では、故意に臨界発動機を不作動とするときの最小速度を設定することが定められている。この速度は、Safe, intentional, one-engine-inoperative speed：V_{SSE}と呼ばれ、特に、訓練飛行時の安全性を確保するために定められたものであるから、通常、V_{MC}

より大きく、かつ V_{s1} より大きい速度になっている。

（4）定常的な横滑り飛行（17・1節参照）

　　飛行中に方向舵を操舵すると、偏揺れモーメントによって機体は横滑りを始める。これにより、縦軸回りに横揺れモーメントも生じるから、横揺れモーメントを打ち消すように補助翼を操舵すれば、定常的な横滑りをともなう水平直線飛行状態になる。

（5）スピンからの回復操作（17・2節参照）

　　スピンからの回復操作の際、スピンの回転を止めるために方向舵を使用する。

2．ラダーロック

　図 12.10 に示すように、方向舵ペダルに力を加えて行くと、方向舵角は大きくなり、それにつれて操舵力 F_r も大きくなり、横滑り角 β も大きくなるが、舵角が過大となり横滑り角が大きくなると垂直尾翼周りの流れに剥離が始まり、さらに過大になると垂直尾翼の失速に至る。このため、操舵力が逆に小さくなって零となったり、胴体

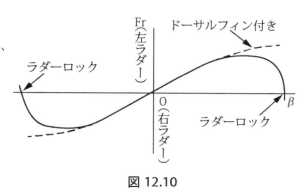

図 12.10

の方向不安定によって操舵力が逆転し、方向舵がとられてペダルがひとりでに限界まで踏み込まれてしまい戻らなくなる現象が起き、操縦が極めて難しくなる。このような現象をラダーロック Rudder lock という。ドーサルフィンやベントラルフィンは、前述したように垂直尾翼の失速を遅らせるので、ラダーロックを防ぐのに有効な方法である。

3．T型尾翼

　図 12.11 のように水平尾翼を垂直尾翼の上方に取り付けた尾翼配置を、機体前後方向から見た形状から、T型尾翼 T-tail という。エンジンを胴体後部に取り付けた機体では、エンジンの排気と水平尾翼との干渉を避けるため、また水上機では、水面との間隔を保つためにこの配置を用いることがある。通常の配置と比較して、T型尾翼を用いる水平尾翼についての主な利点

図 12.11

は、主翼からの吹き下しの影響を受けにくいので、効率の低下を避けることができ、地面効果の影響やフラップ操作にともなう姿勢変化も少なくすることができる、胴体に結合されていないので、胴体との干渉抗力が少ないから、効率が高くなる、また垂直尾翼については、水平尾翼が垂直尾翼に対する翼端板として働くので、効率が高くなる、などである。一方、欠点としては、水平尾翼を支えるために垂直尾翼の構造強度を高める必要があり、また垂直尾翼の曲げおよび捩り振動とこれによる水平尾翼の横揺れが連成し、尾翼全体がフラッター（14・2節参照）を起こしやすくなるため剛性も大きくする必要がある、主翼が失速すると、剥離した後流が水平尾翼に流入し、ディープストールを起こしやすい（17・2節参照）、などがある。

12・4　横の安定 Lateral stability
1．横揺れ運動の減衰と上反角効果
（1）横揺れ運動の減衰

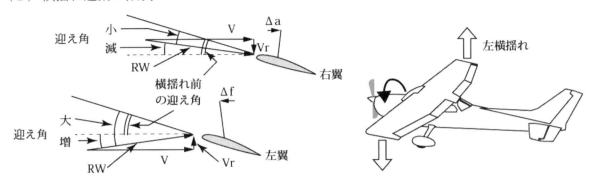

図 12.12

　図 12.12 のように、飛行機が水平直線飛行しているとき、何らかの力が働いて縦軸回りに横揺れ運動をすると、飛行速度と等しく反対向きの一般流の速度 V と、翼の上がる・下がる速度と等しい下向き・上向きの流れの速度 V_r とを合成したベクトルの相対流 RW が流入することになるので、下がる翼の迎え角は、横揺れする前の迎え角より増加し、上がる翼の迎え角は、反対に減少する。従って、揚力は、下がる翼の方が上がる翼より大きくなり、また相対流に垂直の方向となるので、下がる翼では前に傾斜するため前方向の成分 Δf が生じ、上がる翼では後ろに傾斜するため後方向の成分 Δa が生じる。そのため、この横揺れ運動を減衰させる横揺れモーメントを生じ（ただし、失速角あるいは失速角に近い状態で飛行中に横揺れ運動をすると、逆に横揺れを増大させるモーメントが生じる（17・2節参照））、この減衰モーメントにより横揺れ運動の角速度は減少する。このとき、補助翼を継続的に操舵して横揺れ運動しているのでなければ、この減衰モーメントは、横揺れ運動の角速度によって生じるのであるから、角速度の減少につれて減少し、角速度が零になったときのバンク角で横揺れ運動は止まる。横揺れ運動が止まると、機体周りの流れは水平直線飛行のときと同じになり、左右の翼の迎え角の差はなくなるので、このときのバンク角 φ は残ったままになる。次にこのバンク角のため、図 12.13 のように重量 W の横軸方向の成分 Wsinφ が生じ、機体は左へ横滑りを始める。この横滑りの速度はバンク角に比例する。通常の飛行機では、横滑り中、滑っていく側の主翼の揚力が大きくなり、下がった方の翼を持ち上げる横揺れモーメント L が縦軸回りに生じ、元の釣り合い姿勢に戻そうとする。これを上反角効果 **Dihedral effect** という。この後、機体の横の動安定が正であれば、振動運動は減衰してバンク角は零になる。このように、機体が横揺れしてバンク角を生じても、横滑りしないと元の釣り合い姿勢には戻らない。すなわち、縦揺れや偏揺れでは、水平尾翼や垂直尾翼に迎え角の変化や偏揺れ

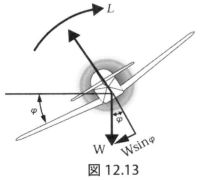

図 12.13

の大きさに比例した空気力の変化が起きて、ただちに復元モーメントが生じたが、横揺れについては、このような直接の復元モーメントが存在しないので、上反角効果による横の静安定は、縦の静安定や方向の静安定のような意味での静安定とは異なる。

横の静安定について、耐空性審査要領では、すべての飛行形態において正であることと定められている。

（２）横揺れモーメントと上反角効果に対する影響

a．主翼の上反角

図 12.14 のように、機体の水平面と翼のスパンの成す角で、翼が上に反っている場合は上反角 Dihedral angle、下に反っている場合を下反角 Anhedral angle という。

図 12.14

図 12.15 は、上反角をもつ飛行機が右に横滑りしている状態を前方から見たものである。これで明らかなように、角 θ_R は角 θ_L より大きいから、相対風 RW に対する迎え角も右翼の方が左翼より大きくなるので、右翼の揚力 L_R の方が大きくなる。このため、右翼を持ち上げる横揺れモーメント L が生じる。

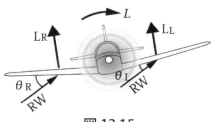

図 12.15

主翼の上反角による上反角効果は、縦軸から片翼の風圧中心までの翼幅方向の距離 y と翼幅 b との比 y / b に比例し、上反角にも比例する。

b．主翼の後退角

1 節 2（図 12.4 参照）で述べたように、飛行機が右に横滑りしているとき、右翼の揚力が左翼の揚力を上回り、右翼を持ち上げる横揺れモーメントが生じる。後退翼による上反角効果は y / b に比例し、また低速のときに大きくなる。

c．主翼・胴体の干渉（口絵参照）

横滑りしているとき、相対流の機体の横軸方向の成分 RW_β を考えると、胴体周りの流れの有様は、右横滑りの場合、図 12.16 に示すようになり、高翼機では右翼が押し上げられるので上反角効果が得られ、低翼機では押し下げられるので負の上反角効果（または下反角効果 Anhedral effect）になる。高翼機では、これに加えて、重心が主翼の風圧中心より下に位置するので一層安定になるため、上反角が小さくても十分な上反角効果を得られる。低翼機では、

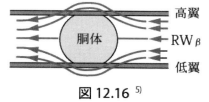

図 12.16 [5]

下反角効果を打ち消すのに加えて、上反角効果を得るために上反角をつける必要があるので、上反角は大きくなる。中翼の場合、上反角効果に影響しない。

後退角をもつ高翼機では、上反角効果が強くなり過ぎるため、下反角をつけることもある。

d．垂直尾翼

垂直尾翼周りの相対流を上記 c と同様にして考えると、垂直尾翼に生じる揚力 L_v の風圧中心は縦軸より上に位置するため、図 12.17 に示すような横揺れモーメント L が生じ、上反角効果が得られる。

図 12.17

e．後縁フラップ角度

通常、小型機の後縁フラップは翼根部に装備されており、直線翼の機体では、図 12.18 のように、フラップを下ろすと、翼幅方向の圧力分布が変化して風圧中心が翼根側に移動するので、

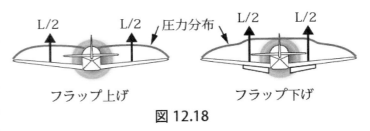

図 12.18

y/b が減少する。このため、横揺れモーメントは小さくなり、上反角効果は減少する。

一方、後退翼の機体では後縁フラップにも後退角があるので、フラップを下ろした状態で図 12.4 のように飛行機が右に横滑りすると、上記 b と同様にして右翼の揚力が左翼の揚力を上回るため、上反角効果が大きくなる。

f．プロペラの回転（10・5 節参照）

単発機では、プロペラの回転後流によって垂直尾翼に揚力が生じるため、また空中ではエンジントルクの反作用のため横揺れモーメントが生じる。この二つの横揺れモーメントの方向は互いに逆方向であり、飛行状態によって一方のモーメントが大きくなるので、その補正にはトリムタブが用いられる。

g．搭載重量

搭載重量が左右均等でないと、重量が大きい方に横揺れモーメントが生じる。搭載物が不均等に搭載されているとき、あるいは燃料消費が均等でないときには、搭載重量が重い方、残燃料量が多い方にバンク角が生じるので、トリムタブなどによって修正する必要がある。

12・5　方向と横の動安定 Directional and lateral dynamic stability

前述したように飛行機は、偏揺れを起しても、横揺れを起しても横滑りすることになる。そのため、方向静安定により相対風の方向に機首を向けて横滑りをなくす偏揺れモーメントと、上反角効果によりバンク角をなくす横揺れモーメントが同時に生じる。このように偏揺れと横揺れは互いに影響して連成する運動となる。この連成効果による飛行機の不安定な運動には 3 つのタイプがある。

（1）方向不安定

方向不安定は、横安定および方向静安定ともに非常に弱いときに起こる。横揺れあるいは偏揺れによって僅かな横滑りが生じても復元せず、逆に横滑り角を大きくする偏揺れモーメントが発生する傾向があれば方向不安定であり、大きい横滑り角が長く続くと、垂直尾翼が

失速し、また強い横力のため、機体構造に損傷を与えることもある。このような状態は許容されないから、通常、機体は方向不安定にならないように設計されている。

(2) らせん不安定

らせん不安定 Spiral instability は、横安定、すなわち上反角効果に比べ、方向静安定が強過ぎるときに起こる。横方向の釣り合いが外力によって乱されて横揺れ（図 12.19 は左横揺れが始まり）を起こし、横滑りし始めても強い方向静安定のため横滑り角は大きくならないから、上反角効果が弱いとバンク角は残ったままで水平状態に戻らない。一方、旋回の内側の主翼より外側の主翼の相対速度が大きいため、バンク角が一層大きくなっていく。この傾向が強いと、緩やかならせん運動とともに機首が下がって降下を

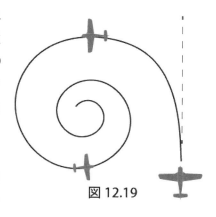

図 12.19

初め、次第に曲率半径が小さくなり、深いらせん運動となって急激に高度が減少するらせん降下に陥る。しかし、らせん運動にはゆっくりと緩やかに入っていくので、操縦による修正は難しくない。

(3) ダッチロール

ダッチロール Dutch roll は、上反角効果が方向静安定に比べて強過ぎるときに起き、機体の方向静安定、上反角効果によって元の釣り合い状態に戻す復元モーメントは生じるものの、これらの位相がずれるため、偏揺れ、横揺れ、横滑りが相互に作用することで続く振動運動である。図 12.20 は、外乱（左からの突風）によって機体が右に流され、左への偏揺れが生じたときの例である。通常の飛行機では、振動運動は減衰し動的にも安定であるが、減衰が弱いと、垂直尾翼や翼に吊り下げたエンジンに強い横力が加わるので好ましくない。また、操縦による修正は難しく、かえって振動運動を大きくしてしまう恐れがあるので、上反角効果が強い高速後退翼機は、ヨーダンパー Yaw damper を装備している。ヨーダンパーは、偏揺れを検知し、それが小さな段階で自動的にそれを打ち消す方向に方向舵を動かし、ダッチロールに入るのを防止する装置である。

らせん不安定は、特に初期ならば操縦による修正が難しくないから、ダッチロールより好ましいので大部分の飛行機は上反角効果に比べ方向静安定を強めにして造られている。

方向および横の動安定について、耐空性審査要領では、短周期モードの動揺は舵固定・自由に関わらず急速に減衰すること、ダッチロールは舵固定・自由に関わらず決められた周期内に十分に

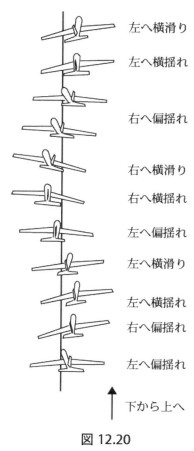

図 12.20

減衰することと定められている。

12・6　横の操縦 Lateral control
1．補助翼

　飛行機の進行方向の変更は、主に補助翼を用いて縦軸回りに横揺れを生じさせて機体を傾け、旋回することで行われる。操縦桿（以下、操縦輪を含む）を操作すると、左右の補助翼は互いに反対方向に舵角をとるように作られており、このため補助翼が取り付けられている部分の翼型のキャンバーが変化し、補助翼が上げ舵角の翼に比べ、下げ舵角の翼の揚力が大きくなるので、縦軸回りに横揺れモーメントを生ずる。補助翼が舵角をとると、このようにして横揺れ運動を始めるが、舵角をとり続けている限り横揺れの回転を続け、止まることはない。その理由は、補助翼による横揺れモーメントで横揺れの角速度を生じると、4節1で述べたように減衰モーメントが生じ、両者が等しくなるまでは横揺れの角速度は増加し、その後、両者が等しくなると、角速度一定となって回転を続けることになり、これを止める縦軸回りの力が存在しないからである。従って、機体が所望のバンク角になったときには、いわゆる「当て舵」をして舵角をほぼ零に戻さなければならない。この点が、ある舵角をとり続けると、その舵角に応じた釣り合い姿勢になる昇降舵、方向舵の操舵と異なる。

　補助翼の操舵については、逆偏揺れと補助翼の逆効きという問題がある。

（1）逆偏揺れ（アドバースヨー）

　旋回するため補助翼を操舵して機体を傾けると、下がる主翼（補助翼が上げ舵角）および上がる主翼（補助翼が下げ舵角）に流入する相対流は、図12.12に示すようになり、下がる主翼の揚力は前方に傾き前方向の成分Δfが、また上がる主翼の揚力は後方に傾き後方向の成分Δaが生じる。また、一般に補助翼を下げ舵角にして揚力が増えた翼の抗力は、上げ舵角にして揚力が減った翼の抗力より大きくなるため、これらの結果、機首を旋回方向と逆の方向に（上がる主翼側に）向けようとする垂直軸回りの偏揺れモーメントが発生する。この現象を逆偏揺れ Adverse yaw という。逆偏揺れによる偏揺れモーメントの大きさは揚力係数C_Lに比例するので、逆偏揺れは低速飛行時の方が強く現れる。

　逆偏揺れは円滑な旋回を妨げることになるので、差動補助翼、フリーズ型補助翼、フライトスポイラー、補助翼と方向舵との連動などの対策がとられている。

a．差動補助翼

　差動補助翼は、図12.21のように、同じ操縦桿の変位に対して、上げ舵角を下げ舵角より大きくすることで抗力差を生じさせて、逆偏揺れによる偏揺れモーメントを減らそうとするものである。フリーズ型補助翼と併用すると効果が大きい。

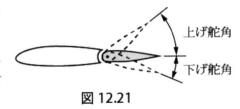

図 12.21

b．フリーズ型補助翼（10・4、2項参照）

フリーズ型補助翼は、図 10.11 に示されるように、上げ舵角の方は有害抗力を増加させ、下げ舵角の方は抗力の増加を少なくすることにより、逆偏揺れによる偏揺れモーメントを打ち消すように働く。

c．フライトスポイラー

横の操縦に用いるスポイラーの機能をフライトスポイラーFlight spoiler といい、フライトスポイラーのみを使用する方法とフライトスポイラーと補助翼を連動させる方法がある。いずれも、図 12.22 のように、下がる翼側のスポイラーを操縦桿の変位に応じた角度に立ち上げ、揚力を減少させて横揺れモーメントを発生させ、また抗力を増加させて逆偏揺れによる偏揺れモーメントを減らそうというものである。なお、大型ジェット機では、スピードブレーキやグラウンドスポイラーとしても用いられる。（8・8節参照）

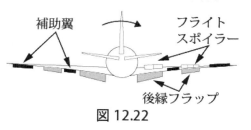

図 12.22

d．補助翼と方向舵との連動

操縦系統を、操縦桿の変位に対して下がる翼側に（旋回方向に）方向舵角をとるように補助翼と方向舵が連動するようにすると、逆偏揺れによる偏揺れモーメントを打ち消す偏揺れモーメントを方向舵によって生じさせることができる。

（2）補助翼の逆効き（エルロンリバーサル）

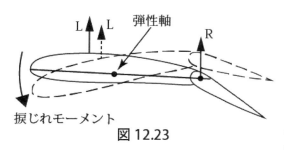

図 12.23

通常、補助翼が下げ舵角をとると揚力は増加し、その主翼の方が上がるが、主翼の剛性が小さいと、図 12.23 に示すように、補助翼に働く空気力 R によって迎え角が減少するように主翼が捩じれるので、揚力係数の増加は小さくなり、また主翼の風圧中心は後方へ移動する。同じ補助翼舵角に対する主翼に生じる捩じれモーメントは、飛行速度が大きいほど大きくなるので、速度が増すほど主翼の捩じれが大きくなり、風圧中心が捩じれの中心である弾性軸より後方へ移動すると、捩じれは一層大きくなって迎え角は大きく減少するため、揚力係数の増加はなくなり、ついには操縦桿の変位とは反対方向の横揺れを生じる。この現象を補助翼の逆効き Aileron reversal という。

補助翼の逆効きは翼の剛性を増せば防げるが、これには一般に機体重量の増加をともなう。その他に次のような対策がある。

a．フライトスポイラー

フライトスポイラーは、剛性が大きい主翼の翼根側に取り付けられているので、作動させたときの捩じれモーメントが小さい。

b．内側補助翼と外側補助翼に分割

補助翼を内側補助翼と外側補助翼に分割して、低速飛行中は両方の補助翼を使用し、高

速になると、剛性が小さくなる翼端側の外側補助翼を固定して内側補助翼のみを使用することにより、主翼の過大な捩じれを防止するというものである。大型ジェット輸送機では、比較的翼厚が薄くアスペクト比が大きい後退翼を用いているが、これらはすべて剛性を低くする要素となるから、高速飛行時に補助翼の逆効きを起こしやすい。従って、補助翼の逆効きを防ぐために、フライトスポイラーと補助翼の分割を組み合わせる方法を採っている機種が多い。図 12.22 および 24 は、その例である。

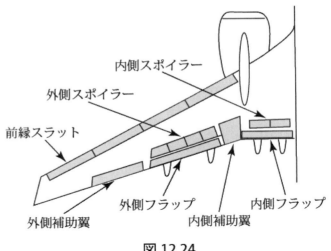

図 12.24

第 13 章　性能

　加速度がない直線経路の等速飛行を定常飛行 Steady flight という。直線飛行経路が、水平ならば定常水平飛行、上昇ならば定常上昇飛行、降下ならば定常降下飛行となる。非定常飛行で作用する空気力の解析・計算は非常に複雑であり、また非定常飛行であっても、その飛行の瞬間をとらえれば定常状態と考えてよいので、この章では、説明が複雑になるのを避けるため、定常飛行について述べ、非定常飛行については必要なときに述べる。また、この章で記す耐空性審査要領の要約は、特に断りがない限り、普通 N、実用 U、曲技 A 類についての規定である。

13・1　水平直線飛行
1．必要パワー

　飛行機が定常水平飛行を行っているときの飛行経路に沿った力の釣り合いは、図 8.8 のようになっており、飛行機の重量 W を支える揚力 L を発生させるために、対気速度 V で飛行しなければならない。このとき、速度に応じた抗力 D が発生するので、これに見合う推力 T が必要になる。ターボジェットエンジンなどでは、推力はエンジンから直接生まれるが、プロペラ機では、エンジン単体では推力を生めず、プロペラと組み合わせて、それを空気中で回転させることにより、プロペラが推力を発生する。この推力 T が抗力 D と見合ってなければならず、この T を必要推力 Thrust required：T_r という。従って、$T_r = D$ である。

　プロペラ機では、エンジンの出力はパワーあるいは馬力といった仕事率で示されるので、両辺に対気速度 V をかけ仕事率で表すと、$T_r \cdot V = D \cdot V$ となる。つまり、定常水平飛行を行うためには、$D \cdot V$ というパワーが必要ということになる。この $D \cdot V$ を必要パワー Power required：P_r という。必要パワー P_r は、式(7-10)、(8-2)および (7-2)から、次の式で表される。

$$P_r = D \cdot V = \left(\tfrac{1}{2}\rho V^2 S C_D\right) V = \tfrac{1}{2}\rho V^3 S\left(C_{Dp-min} + \frac{C_L^2}{\pi e A_R}\right) = \tfrac{1}{2}C_{Dp-min}\rho S \cdot V^3 + \frac{2W^2}{\pi e A_R \rho S}\cdot\frac{1}{V} \quad (13\text{-}1)$$

　飛行機を操縦、運用するときは、TAS より EAS（IAS と考えてよい）の方が便利なので、式(5-7)により式(13-1)を書き換え、速度 V（TAS）を V_e（EAS）で表すと、次の式になる。

$$P_r = \left(\tfrac{1}{2}C_{Dp-min}\rho_0 S \cdot V_e^3 + \frac{2W^2}{\pi e A_R \rho_0 S}\cdot\frac{1}{V_e}\right)\sqrt{\frac{\rho_0}{\rho}} \quad (13\text{-}2)$$

　上式の右辺第 1 項が有害抗力に見合うパワーでパラサイトパワー Parasite power required といい、第 2 項が誘導抗力に見合うパワーで誘導パワー Induced power required という。

　式(13-2)から求められた $P_r \sim V_e$ 曲線を図 13.1 に示す。式(13-2)より明らかなように、必要パワーは、空気密度 ρ（飛行高度および気温）、重量 W などにより変化するが、この図は、着陸装置および高揚力装置を上げた形態（以下、クリーン形態という）、重量および高度一定と

いう条件における、ある飛行機の曲線である。

a．抗力 D が最小になる点

式(13-1)から $D = P_r / V$ であることおよび条件より、$P_r \sim V_e$ 曲線に対して原点から引いた接線との接点で D が最小となり、この点に対応する速度を最小抗力速度 Minimum drag speed という。定常水平飛行においては、飛行機に働く力の釣り合いにより $L = W$ であるから式(6-3)を考慮すると、

$$\frac{W}{D} = \frac{L}{D} = \frac{C_L}{C_D} \quad \therefore D = \frac{W}{C_L/C_D} \quad (13\text{-}3)$$

となり、$(C_L/C_D)_{max}$、すなわち揚抗比最大となる迎え角に対応する速度で飛行するとき、抗力 D は最小になる。つまり、最小抗力速度は、揚抗比最大となる速度 $V_{L/D}$ である。

b．必要パワー P_r が最小になる点

式(13-1)より、P_r は次の式で表される。

$$P_r = \left(\frac{1}{2}\rho V^2 S C_D\right) V = \frac{1}{2}\rho \left(\frac{2W}{\rho C_L S}\right)^{3/2} C_D S = \frac{C_D}{C_L^{3/2}}\left(\frac{2W^3}{\rho S}\right)^{1/2} \quad (13\text{-}4)$$

条件より $(2W^3/\rho S)^{1/2}$ は一定であるから、$(C_D/C_L^{3/2})$ が最小のとき、あるいは $(C_L^{3/2}/C_D)$ が最大のときに P_r が最小となる。

2．利用パワーと余剰パワー

飛行機が飛行するとき、エンジンとプロペラを組み合わせた推進装置が推力 T を生んでいる。この推力 T を利用推力 Thrust available：T_a という。また、このとき推進装置が行っている単位時間当たりの有効な仕事は、エンジンの正味パワーが BP であるから(9・1節参照)、これにプロペラ推進効率 η_p を乗じた $\eta_p \cdot BP$ となり、これを利用パワー Power available：P_a という。一方、飛行機が推力 T、対気速度 V で飛行するとき、単位時間に行う仕事は $T \cdot V$ となるから(9・2節参照)、このとき飛行機は、エンジン・プロペラ推進装置から利用パワー P_a を得て $T \cdot V$ という単位時間当たりの仕事をしていることになる。また、$T \cdot V$ は推力パワー TP と等しいから、利用パワー P_a は次のようになる。

$$P_a = \eta_p \cdot BP = T \cdot V = TP \quad (13\text{-}5)$$

利用パワー P_a と対気速度 V との関係は、プロペラ効率曲線が異なるので固定ピッチプロペラと定速プロペラでは異なるが、ここでは定速プロペラについて説明する。定速プロペラのプロペラ効率は、図 9.9 のように変化し、

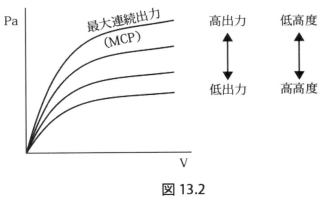

図 13.2

BPは対気速度による変化はほとんどないので、式(13-5)から求められる任意の出力における利用パワー P_a〜V曲線は、図13.2のようになる。高度を一定とすれば、P_aは最大連続出力MCPを上限として出力により図のように変化し、一方、最大連続出力であっても、エンジン出力は高度とともに減少するので、P_aも減少する。ただし、過給機付きエンジンは、臨界高度までは出力が減少しないので、P_aも減少しない。

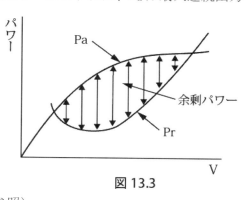

図13.3に示すように、利用パワーP_aから必要パワーP_rを差し引いた残りを余剰パワー Excess power という。また、利用推力T_aから必要推力T_rを差し引いた残りを余剰推力 Excess thrust という（13・2節参照）。

図13.3

3．定常水平飛行速度

上述から明らかなように、ある高度において、利用パワーP_aが必要パワーP_rに等しいとき、それに対応する対気速度で飛行機は定常水平飛行を行う。図13.4のように、定常水平飛行が可能な速度範囲は、最大連続出力MCPにおける利用パワー曲線と必要パワー曲線との二つの交点の間である。この交点の外側ではP_aがP_rを下回るため、その速度では定常水平飛行を行うことができず、これを行うためには、P_rがより小さくなる速度まで減速するか、またはP_aが増加する低い高度に降下しなければならない。交点の内側では、余剰パワーがあるので、飛行機を加速あるいは上昇させることができる。MCP

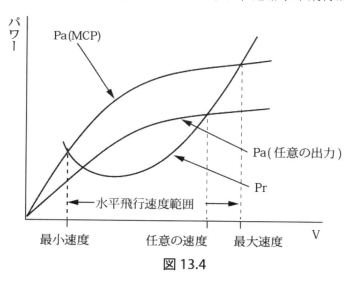

図13.4

とP_rとの間の任意の出力にすれば、交点の間の任意の速度で定常水平飛行ができる。一般にP_aとP_rの交点は二か所ある。これについてはこの節の6項で述べる。

定常水平飛行においては、飛行機に働く力の釣り合いから、次の式が成り立つ。

$$W = L = \frac{1}{2}\rho V^2 S C_L \tag{13-6}$$
$$T = D = \frac{1}{2}\rho V^2 S C_D \tag{13-7}$$

式(13-6)より、定常水平飛行のときの対気速度は次の式で表される。

$$V = \sqrt{\frac{2W}{\rho S C_L}} \tag{13-8}$$

4．失速速度（最小定常飛行速度）

飛行機が、定常水平飛行することができる最小速度を最小定常飛行速度V_{min}という。この

速度未満の速度では飛行高度を維持できず失速に至るので、一般に最小定常飛行速度は失速速度 Stall speed：Vs と等しい。失速速度 Vs は、式(8-4)および(5-7)から、次式で表される。

$$V_S(TAS) = \sqrt{\frac{2W}{\rho S C_{L-MAX}}} = \sqrt{\frac{2W}{\rho_0 S C_{L-MAX}}} \sqrt{\frac{\rho_0}{\rho}} \therefore V_S(EAS) = \sqrt{\frac{\rho}{\rho_0}} V_S(TAS) = \sqrt{\frac{2W}{\rho_0 S C_{L-MAX}}} \qquad (13\text{-}9)$$

空気密度 ρ を定めれば、上の第2式により失速速度を EAS（IAS と考えてよい）で表すことができ、一般に飛行規程などでは、失速速度は操縦で使う IAS（CAS）で高度別に示される。

主に運用面で失速速度に影響する要因は、次のとおりである。

a．高度とレイノルズ数

　式(13-9)より明らかなように、高度が高くなるほど、空気密度 ρ が小さくなるので、失速速度 Vs（TAS）は大きくなる。一方、EAS で表すと、失速速度は高度によらず一定であるが、高高度ではレイノルズ数が小さくなるため多少大きくなる。

b．高揚力装置（8・7節参照）

　フラップ下げの状態にすると、最大揚力係数 $C_{L\text{-}max}$ が増加するので、式(13-9)から、Vs は小さくなる。

c．重量と荷重倍数（8・7節参照）

　式(13-9)より明らかなように Vs は $\sqrt{W/S}$ に比例し、翼面荷重 W/S が大きいほど Vs は大きくなる。与えられた機体の場合は、翼面積 S は一定と考えてよいので、重量 W が大きいほど Vs は大きくなるといえる。また、機体が旋回しているときや降下から引き起こされているときのように、加速度を伴う運動をする場合、遠心力によって見かけの重力が実際の機体重量より大きくなるので、その増加した重力を揚力によって支えなければならない。このようにして増加した揚力（主翼の荷重）L を実際の機体重量 W で割った値 L/W を荷重倍数 Load factor といい、n で表す。すなわち、旋回や引き起こしのときには、重量が nW に増加したことに相当する。従って、このときの Vs は、水平直線飛行時の失速速度を Vs´ とすると、式(13-9)より

$$V_S = V_S{'}\sqrt{n} \qquad (13\text{-}10)$$

となり、$\sqrt{n}$ に比例して大きくなる（6節参照）。なお、上式は n が負でなければ、1未満でも成り立つ。

d．重心位置

　10・1節で述べたように、重心位置が前方にあるほど、機首下げモーメントが大きくなるから、これに釣り合うモーメントを発生させるために必要な水平尾翼の下向きの揚力も大きくなる。このため、機体重量を超える重力を支えなければならないので、重心位置が前方にあるほど、失速速度は式(13-9)の Vs より大きくなる。耐空性審査要領には、失速速度を証明するときの条件として、重心位置は失速速度が最大値となる位置であることと定められている。また、重心位置が前方にあるほど、上記の理由から昇降舵は上げ舵角でトリムされるので、昇降舵の可動範囲の上げ舵角限界に近づいて操縦桿がストッパーに達し、

それ以上に機首を上げることができなくなることがある。この場合、C_{L-max} が小さくなるので V_S は大きくなる。

e．エンジン出力

エンジンの出力をアイドルまで絞った状態をパワーオフ Power off といい、エンジンの出力がある状態をパワーオン Power on という。図13.5 で示されるように、パワーオンのとき、大きな迎え角で飛行すると、推力の垂直方向の成分 $T\sin\theta$（θ：推力線と飛行経路との間の角）が揚力 L に加わる。またパワーオンのときは、図

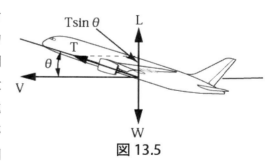

図 13.5

10.16 のように、プロペラ後流によって主翼の揚力が増加する。この二つの影響により、パワーオンのときは、L は機体重量 W より小さくてよいので、失速速度は式(13-9)の V_S より小さくなる。耐空性審査要領には、失速速度を証明するときの条件として、エンジン出力がアイドル（パワーオフ）であることと定められている。

f．減速率

エンジン出力を減らし、迎え角を増加させると、飛行速度は減少し、主翼周りの流れも変化するが、飛行速度の減少に対し主翼周りの流れの変化には時間がかかるので、失速速度への減少率が大きいと、境界層の剥離が遅れるため、失速速度は式(13-9)の V_S より小さくなる。耐空性審査要領には、失速速度を証明するときの条件として、速度減速率が 1kt/sec を超えないようにしなければならないことと定められている。

g．翼表面の粗さ

汚れ、着氷などによって翼表面が粗くなると、C_{L-max} は減少する。着氷については、特に翼前縁に着氷したとき揚力、抗力への影響が大きく、機体重量も大きくなるので、V_S は大きくなる（17・3節参照）。凍結のおそれがある気象状態で運用される飛行機の翼およびプロペラの前縁など着氷しやすい個所には、防氷・除氷装置が装備される。（口絵参照）
耐空性審査要領では、失速速度について V_{S0}、V_{S1} および V_S が定められている。このうち、V_{S0}、V_{S1} は、主にピストン機に用いられ、V_S は、タービン飛行機に用いられる。

・V_{S0} は、着陸形態（着陸装置下げ、フラップ着陸位置）で、エンジン出力アイドルでの失速速度である。

・V_{S1} は、着陸装置およびフラップ上げ、あるいは進入など着陸形態以外の形態で、エンジン出力アイドルでの失速速度である。

・V_S は、所定の形態で、エンジン出力アイドルでの失速速度である。

また、耐空性審査要領では、失速に近づいたとき、「操縦者が明瞭に感知できる失速警報を出さなければならない」、さらに、「失速警報は、当該飛行機の空力特性によるか、または予想される飛行状態で明瞭に識別できる指示を与える装置によるもの」であることと定められている。飛行機の空力特性における失速の兆候は、機体のバフェット、昇降舵の操舵力

や効きの低下などであり、Gの変化などで感覚的に知ることもできる。ほとんどの飛行機では、これらの現象が失速の警報となるが、失速警報装置も装備している。失速警報装置は、乗員が注視する必要のあるもの、例えば警報灯 Warning light は単独では承認されないので、警報音 Warning horn や失速に陥りつつあるときに操縦桿を振動させ警告するスティックシェイカー Stick shaker などが併用される。耐空性審査要領には、普通 N、実用 U、曲技 A 類の失速警報について、「失速警報は、失速速度に少なくても 5kt (9km/h) を加えた速度から作動を始め、失速が起こるまで持続しなければならない。」と定められている。

5．最大水平飛行速度

最大水平飛行速度は、図 13.4 から分かるように、定常水平飛行中に、最大連続出力 MCP または最大連続推力で得られる最大速度であり、V_H で表される。

定常水平飛行中は利用パワー P_a と必要パワー P_r が等しいこと、MCP における P_a は $\eta_p \cdot$ MCP であること、高速飛行時には誘導パワーは小さく無視できることを考慮すると、式(13-1)は次のようになる。

$$P_r = P_a = \eta_p \cdot MCP \cong \frac{1}{2} C_{Dp-min} \rho S \cdot V_H^3$$

従って、V_H は次式で表される。

$$V_H = \sqrt[3]{\frac{2\eta_p \cdot MCP}{C_{Dp-min}\rho S}} \tag{13-11}$$

上式より最大水平飛行速度 V_H を大きくするには、次のような方法があることが分かる。
① 機体を流線型にすることなどで、最小有害抗力係数 C_{Dp-min} を小さくする。
② 単位翼面積当たりの最大連続出力：MCP/S（翼面パワーという）を大きくする。
③ プロペラ効率 η_p を向上させる。
④ 高度が高くなると、空気密度 ρ は小さくなるが、一方 MCP も減少するので、V_H の増減は ρ と MCP の変化の割合によるが、過給機付きエンジンを装備した機体では、臨界高度まで出力は減少しないので、この高度までならば高度が高いほど V_H は大きくなる。

6．バックサイド領域

図 13.6 は、ある高度において、定常飛行しているときの利用パワー P_a ～対気速度 V 曲線および必要パワー P_r ～V 曲線を示している。この図で P_r が最小となる速度より高速の領域をパワー曲線のフロントサイドあるいはノーマルコマンド領域 Region of normal command といい、必要パワー P_r が最小となる速度より低速の領域をバックサイドあるいはリバースコマンド領域 Region of reversed command という。フロントサイド領域とバックサイド領域では、速度および飛行経路の安定に関して、次に

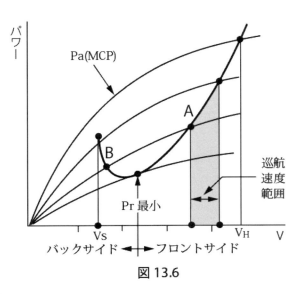

図 13.6

述べるように反対の傾向が表れる。

(1) 速度の安定

3項で述べたように、任意の出力に設定して定常飛行しているとき、一般に、P_a と P_r が等しくなる点は2か所ある。フロントサイド領域にある A 点に対応する速度で飛行しているときに外力が作用して速度が増加したとき、エンジン出力を調整しなくても、P_r が P_a を上回るので速度は減少する。逆に速度が減少すると、P_r は P_a を下回り、余剰パワーが生じるので速度は増加する。この結果、飛行機は A 点の釣り合い状態に戻る。このように、外力が作用して速度が変化したときに、エンジン出力を調整しなくても、元の釣り合い状態と、それに対応する速度に戻る傾向がある。このようなとき、速度安定 Speed stability があるという。

一方、バックサイド領域にある B 点に対応する速度で飛行しているとき、同様にして速度が増加すると、P_a が P_r を上回り、余剰パワーが生じるので速度は一層増加し、逆に速度が減少すると、P_a は P_r を下回るので速度は一層減少する。この結果、飛行機は B 点の釣り合い状態から一層離れるから、速度安定はない。

必要パワー P_r が最小となる速度付近では、外力による速度の変化に対する P_r の変化は小さいので、P_a との差が大きくならないため、速度が変化すると、その速度にとどまる傾向がある。

(2) 飛行経路の安定

飛行機が定常飛行を行っているとき、エンジン出力を変えずに操縦桿を引くと、機体の迎え角は増加するが、対気速度も減少するため、機体に作用する揚力は増加するとは限らない。ある飛行経路をフロントサイド領域の速度で定常飛行しているとき、エンジン出力を変えずに昇降舵で迎え角を増すと、速度が減少し、P_a は P_r を上回るので飛行経路の勾配は増大する。このようなとき、飛行経路安定 Flight path stability があるという。

一方、バックサイド領域の速度で定常飛行しているときに同じ操舵を行うと、同様に速度が減少し、P_a は P_r を下回るので飛行経路の勾配は減少する。例えば、水平飛行しているときに高度を維持しようとして、迎え角を増すために操縦桿を引いても高度は一層下がってしまうという結果になる。

バックサイド領域では、このように速度および飛行経路の安定を欠くため、それらのコントロールが難しく、また、この領域での飛行は低速かつ大出力の組み合わせになるので、10・4節で述べたプロペラの回転の影響が強く現れ、安定性や操縦性によくない影響を与えるため、通常は行われない。なお、バックサイド領域で飛行することをバックサイドオペレーションという。これについては、17・1節で述べる。

高揚力装置を作動させると、揚力が増加するだけではなく、失速速度が減少すること、必要パワー最小の速度が小さくなる（3節参照）のでフロントサイド領域が広がることなど、操縦性を向上させる効果も大きい。

バックサイド領域について間違えてはならないことがある。この領域で飛行するとき、出力を減らせば速度が大きくなり、出力を増せば速度が小さくなるというように誤解をしては

ならない。正しくは、高度を維持して低速で飛行するためには出力を増加させなければならず、高速で飛行するためには出力を減らさなければならないということである。

13・2 上昇飛行

定常上昇飛行を行っているときに、飛行機に働く力を図 13.7 に示す。

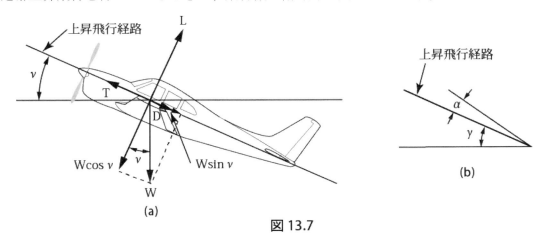

図 13.7

1．上昇角

水平面と上昇飛行経路との間の角 γ を上昇角 Climb angle という。上図(b)から分かるように、機体は迎え角 α を持っているので、上昇角 γ は水平面と機体の縦軸の成す角ではない。また、上昇飛行経路、縦軸、推力線はそれぞれ一致しないが、それらの違いは僅かなので、すべて上昇飛行経路と一致するものとすると、定常上昇飛行を行っているときの飛行経路に沿った力の釣り合いから、次の式が成り立つ。

$$L = W \cos \gamma \tag{13-12}$$
$$T = D + W \sin \gamma \tag{13-13}$$

上昇飛行経路の勾配を上昇勾配 Climb gradient という。上昇角が 15° 程度以下で小さいときは、$\tan \gamma \cong \sin \gamma$ であるから、式(13-13)より、上昇勾配 $\tan \gamma$ は次の式で表される。

$$\tan \gamma \cong \sin \gamma = \frac{T-D}{W} \tag{13-14}$$

上昇角 γ が最大となるのは、上式より T−D が最大のときであり、T−D は余剰推力であるから、余剰推力が最大のときに上昇角が最大になるといえる。

2．上昇率

上昇飛行しているときの速度 V（以下、上昇飛行速度という）の鉛直方向の成分を上昇率 Rate of Climb：ROC という。単位は [ft/min] で、降下率も同じである。図 13.8 を参考にして、上昇飛行速度を V とすると、式(13-14)、(13-5)、(13-1)より、

$$ROC = V \sin \gamma = \frac{V(T-D)}{W} = \frac{T \cdot V - D \cdot V}{W} = \frac{P_a - P_r}{W} \tag{13-15}$$

となり、最大上昇率は余剰パワーが最大のときに得られることが分かる。

3．上昇飛行速度

式(13-15)は、ある重量 W における P_a〜V 曲線と P_r〜V 曲線を用いて、任意の対気速度 V に対応する余剰パワー(P_a-P_r) を求めれば、V に対する上昇率 ROC の変化が表されることを示している。図 13.9(a)は、このようにして求めた V に対する余剰パワーの変化（上図）と上昇率の変化（下図）を対応させて表したものである。上昇率曲線で上昇率が最大の点は、余剰パワー(P_a-P_r) が最大であり、この点に対応する速度で最大上昇率が得られる。また、上昇率曲線に対して原点から引いた接線との接点では、$(P_a-P_r)/V$ が最大となり、一方、式(13-5)、(13-1)より、$(P_a-P_r)/V = (T-D)$ であるから、この点では、余剰推力($T-D$) が最大である。従って、この点に対応する速度で最大上昇角が得られる。図 13.9(b)は、V に対する余剰推力の変化と失速速度 V_S、最良上昇角速度 V_X、最小抗力速度 $V_{L/D}$ の関係を示したものである。

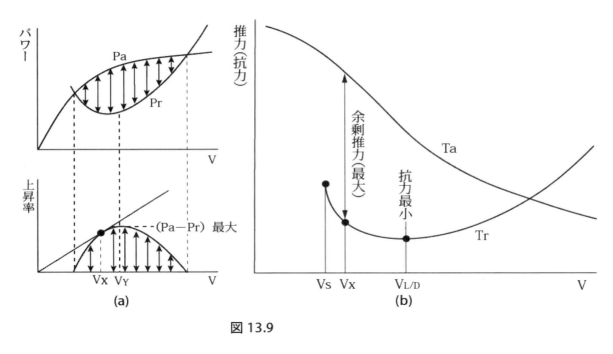

図 13.9

耐空性審査要領では、V_X を最良上昇角速度 Best angle of climb speed、すなわち最大上昇角あるいは最大上昇勾配が得られる上昇飛行速度と定めており、また、V_Y を最良上昇率速度 Best rate of climb speed、すなわち最大上昇率が得られる上昇飛行速度と定めている。V_X は、離陸速度とほぼ等しく、V_Y は V_X より 10〜15kt 大きい。V_Y で上昇すると、最短時間で目的高度まで達する。この他、上昇飛行速度には、目的地により早く到達するために用いられる巡航上昇速度 Cruise climb speed があり、V_Y よりさらに大きい速度である。通常は離陸後、数百 ft の高度で V_Y、あるいは巡航上昇速度に加速するが、上昇飛行経路上に高い障害物がある場合は、離陸後、上昇角が最大となる V_X で上昇し、障害物を越えたら V_Y あるいは巡航上昇速度に加速する。これらの速度の関係を図 13.10 に示す。

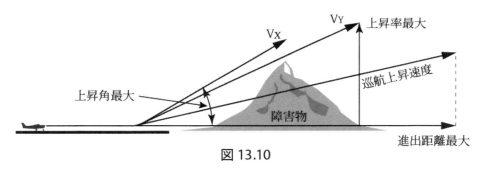

図 13.10

4. 上昇限度

　前に述べたように、飛行機が上昇するにつれエンジンの出力は低下するため、上昇率は次第に減少する。この結果、余剰パワーがなくなって最大上昇率が零となる高度があり、この高度を絶対上昇限度 Absolute ceiling という。絶対上昇限度では、最大上昇角も零になるので、$V_X = V_Y$ となる。

　絶対上昇限度に近づくと、上昇率は極めて小さくなるため、絶対上昇限度に到達するのに必要な時間は非常に長くなり、また、絶対上昇限度では、余剰パワーが零の状態なので、外力によって飛行速度が変化すると、その高度を維持できず、降下せざるを得ない。このように実際の飛行では意味がないから、上昇率が 100ft/min に達したときの高度を実用上昇限度 Service ceiling としている。同様に、双発機の片側エンジン不作動状態での絶対上昇限度 Single engine absolute ceiling に対して、上昇率が 50ft/min に達したときの高度を片側エンジン不作動時の実用上昇限度 Single engine service ceiling としている。

　実際の飛行では、指示対気速度 IAS（あるいは CAS）を一定として上昇を行う。この場合、高度が高くなるにつれ真対気速度 TAS は増加し加速しているのだから非定常飛行となるが、本書で扱う低速小型飛行機の上昇では、加速度の影響は小さいので定常飛行と考えてよい。

13・3　定常飛行性能に影響する要素

　利用パワー P_a 曲線および必要パワー P_r 曲線は、1 節で述べたように、いろいろな要素の影響で変化するので、定常飛行性能にも影響が及ぶ。定常飛行性能に影響を与える要素は、式(13-1)、(13-2) により、次のように変化する。なお、ここでは主に運用面で関わるものについて説明し、また定常降下飛行については、滑空性能とともに 6 節で説明する。

　a. 着陸装置とスピードブレーキ（8・8 節参照）

　　脚を下げても P_a 曲線は変化しないが、最小有害抗力係数 $C_{Dp\text{-}min}$ が増加するので、P_r 曲線は変化する。$C_{Dp\text{-}min}$ が大きいと、パラサイトパワーが大きくなる。パラサイトパワーは速度 V_e が大きいほど大きく増加するので、図 13.11 のように、$C_{Dp\text{-}min}$ が大きいと、V_e が大きくなるほど V_e の増加に対する P_r の増加は大きくなる。この結果、余剰パワーが減少するため、水平飛行速度は減少し、上昇率と上昇限度も減少する。特に高速領域では減少が大きい。ただし、脚を下げたときの飛行速度は、脚の構造上の強度によって制限される。

　　スピードブレーキを使用すると、$C_{Dp\text{-}min}$ が増加することに加え、C_L も減少する点が着陸

装置を下げた場合と異なるが、上述とほぼ同様の変化を示す。なお、スピードブレーキには、実質的に操作上の制限速度はない。

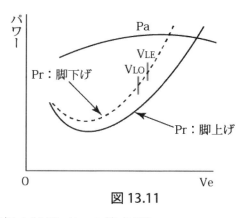

図 13.11

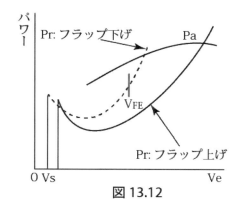

図 13.12

b．高揚力装置（8・7節参照）

　　フラップを下げると、最小有害抗力係数 $C_{Dp\text{-}min}$ は増加する。これについては上述のとおりであるが、失速速度 V_S に近い低速の領域では、フラップ下げのときの方が、同一の C_L に対して C_D が小さくなるので P_r が小さくなるのが異なる点である。このため P_r 曲線は図13.12 のように変化するが、P_a 曲線は変化しない。その結果、余剰パワーが減少するので、水平飛行速度は減少し、上昇率と上昇限度も減少する。特に高速領域では減少が大きい。ただし、フラップを下げたときの飛行速度は、フラップの構造上の強度によって制限される。また、フラップを下げたときは、必要パワー P_r が最小になる速度は小さくなる。

c．重量

　　重量 W が変化しても P_a 曲線は変化しないが、W が大きくなると、必要な揚力係数が大きくなるので誘導抗力が大きくなり誘導パワーが大きくなるため、P_r 曲線は変化する。誘導パワーは V_e が小さいほど大きく増加するので、図 13.13 のように、重量が大きいと、低速になるほど、V_e の減少に対する P_r の増加は大きくなる。このため、余剰パワーが減少するので、水平飛行速度は減少する。上昇性能については、これに加え

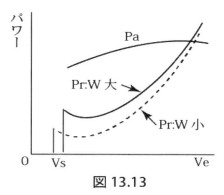

図 13.13

て、式(13-14,-15)の W が増加するため、上昇角、上昇率および上昇限度は一層減少し、V_X と V_Y は増加する。また、最小抗力速度 $V_{L/D}$ は、W が小さいほど小さい。

d．バンク角（6節参照）

　　水平釣り合い旋回飛行を行っているときは、1節で述べたように、見かけの重力が機体重量より大きくなるため、図 13.14 に示すように、P_r 曲線はバンク角 φ の変化に応じて、重量が変化したときと同様の変化をするが、P_a 曲線はバンク角 φ によって変化しない。また、失速速度および必要パワー P_r が最小になる速度は、φ が大きくなるほど大きくなる。

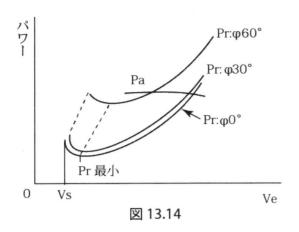

図 13.14

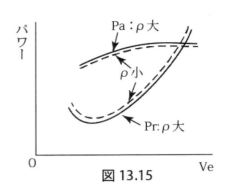

図 13.15

e．空気密度

　飛行高度あるいは気温が高くなって空気密度 ρ が小さくなると、P_a は減少し、一方、$\sqrt{\rho_0/\rho}$ が大きくなるので、図 13.15 のように、全速度領域において P_r は増加する。従って、余剰パワーが減少するため、水平飛行速度は減少し、上昇率と上昇限度も減少する。

　また、飛行高度までの平均気温が標準大気温度より高ければ、真高度は飛行高度（高度計指示高度）より高くなるため所要飛行高度への上昇に要する距離・時間は大きくなるので上昇率は減少し、低ければ、増加する。

f．双発機の片側エンジン不作動

　双発機が片側エンジン不作動となったときは、エンジン推力が半減し、不作動エンジンには抗力が生じる。また、非対称推力による偏揺れモーメントを打ち消すために補助翼や方向舵に舵角を与えるため、抗力が増加するので余剰パワーは著しく減少する。従って、水平飛行速度は大きく減少し、上昇率と上昇限度も大きく減少する。

　双発機の片側エンジンが不作動時の最良上昇角速度を Best angle of climb speed with one engine inoperative：V_{XSE}、最良上昇率速度を Best rate of climb speed with one engine inoperative：V_{YSE} という。

g．アスペクト比

　アスペクト比 A_R が変化しても P_a 曲線は変化しないが、A_R が小さくなると、誘導抗力が大きくなり誘導パワーが大きくなるため、P_r 曲線は変化する。誘導パワーは V_e が小さいほど大きく増加するので、図 13.16 のように、A_R が小さいと、低速になるほど、V_e の減少に対する P_r の増加は大きくなり、余剰パワーは減少する。このため、A_R が大きい方が、定常飛行全般において性能は良化する。これについては、A_R が大きくなると、揚抗比が大きくなることからも理解できる。

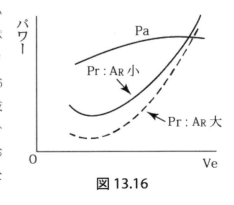

図 13.16

h．風

　水平方向に一様な風は、対気速度に変化を与えないので、上記の性能には影響しないが、

対地速度を変化させる。飛行経路方向の風速は、上昇飛行速度の水平方向の成分に影響を与え、向い風の場合は対地速度が減少するので、地表面に対する上昇角は増加し、追い風の場合はこれと反対である。上昇率は影響を受けない。

13・4 巡航飛行

巡航飛行性能には、搭載している燃料で飛行できる距離を表す航続距離と、飛行できる時間を表す航続時間または滞空時間があり、いずれもレシプロ機とジェット機では異なるが、この節では、レシプロ機について述べる。

1．航続距離

（1）比航続距離

飛行機の場合、自動車の燃費に当たるのが、「1 lb の燃料で何 nm 飛べるか」で示される比航続距離または航続率 Specific Range：SR であり、次の式で表される。

$$SR = \frac{飛行距離}{燃料消費量} = \frac{対地速度}{燃料流量} \tag{13-16}$$

レシプロ機の燃料流量は、単位パワー当りの燃料消費率 BSFC（9・1節参照）に正味パワー BP をかけたものである。ただし、BSFC は、通常「単位パワー、1時間当りの燃料重量」で示されるが、換算するための定数で煩雑になるので、ここでは「単位パワー、1秒間当りの燃料重量．単位は[lb/(lb·ft/sec)/sec]」とし、C で表している。また V_W を飛行経路方向の風速の成分（向い風を正とする）とすると、対地速度は $V-V_W$ であり、飛行機は水平定常飛行をしているから、式(13-5)および式(13-3)より、式(13-16)は次のように表される。

$$SR = \frac{V-V_W}{C \cdot BP} = \frac{V-V_W}{C \cdot (T \cdot V/\eta_p)} = \frac{\eta_p(V-V_W)}{C \cdot D \cdot V} = \frac{\eta_p}{C} \cdot \frac{C_L}{C_D} \cdot \frac{1}{W}\left(1 - \frac{V_W}{V}\right) \tag{13-17}$$

この式は重量が W のときの瞬間の比航続距離を表すものであり、燃料が消費されるにつれて W が小さくなるので、SR は次第に大きくなる。実際の飛行では、重量および高度は変化し、それにつれて、BP、η_p、C なども変化するので、上式は近似式である。また、式の最右辺の $(\eta_p/C)\cdot(C_L/C_D)$ を航続係数 Range factor といい、機体の経済的な効率を表す。

比航続距離に影響を与える要素のうち、運用面で関わるものについて、式(13-17)により、以下に説明する。

① 単位パワー当りの燃料消費率 C を減少させれば、SR は増大する。飛行規程には、巡航時のエンジン出力設定表が記載されているので、それに従って出力を設定すれば、C は小さくなる。

② プロペラ効率 η_p が高ければ、SR は大きくなる。定速プロペラ装備機の巡航時のエンジン出力設定表には、吸気圧力とプロペラ回転数の組み合わせで出力が表されているので、それに従って出力を設定すれば、η_p は高く保たれる。

③ 揚抗比 C_L/C_D を大きくすれば、SR は大きくなる。従って、C_L/C_D が最大となる速度、す

なわち抗力が最小になる速度 $V_{L/D}$ で飛行すれば、SR はほぼ最大となる。前述のように、燃料が消費され重量が小さくなるにつれて、$V_{L/D}$ は小さくなるので、SR を最大に保つためには、対気速度を次第に減少させる必要がある。

④ 重量 W が小さければ、SR は大きくなる。搭載品などを軽くして、全備重量を小さくする。

⑤ 向い風を避けて追い風で飛行するのが最良であるが、実際の飛行では必ずしも可能ではない。向い風のときには、図 13.17 のように、$V_{L/D}$ より大きい速度で飛行すると、SR が最大となる。一方、追い風のときには、$V_{L/D}$ より小さい速度で飛行すると、SR は一層大きくなる。

なお、高度が変化すると、対気速度 V は $1/\sqrt{\sigma}$ に比例し、一方、抗力 D は一定であるから、式(13-1)より、必要パワー P_r も $1/\sqrt{\sigma}$ に比例する。従って、対気速度と必要パワー（すなわち、燃料流量）との比は、高度によらず一定になるので、高度による風の変化がない限り、比航続距離は高度に影響されない。

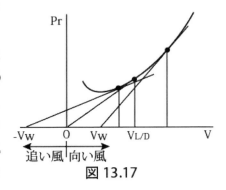

図 13.17

（2）航続距離

燃料が消費され、重量 W が小さくなるにつれて、比航続距離 SR は次第に大きくなる。式(13-17)において、V_W、η_p、C を一定と仮定し、一定の C_L/C_D に対応した迎え角で飛行するとして積分すると、航続距離を表すブレゲーの式 Breguet range equation となり、図 13.18 に示すように、航続距離は、巡航開始時の重量と終了時の重量との間の、SR 曲線より下方の面積で求められる。SR 曲線は、直線と考えても大きな差はないので、航続距離の近似値は、(巡航開始時と終了時の間の SR の平均値)×(消費燃料量)で求められる。

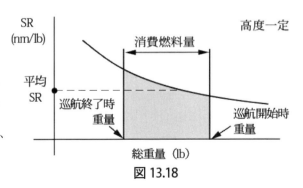

図 13.18

2．航続時間（滞空時間）

（1）比航続時間

比航続時間または滞空率 Specific Endurance : SE とは、単位燃料重量当りの航続時間であり、航続距離を求める場合と同じ条件とすると、式(13-5)、式(13-3)および式(13-8)より、次の式が成り立つ。

$$SE = \frac{1}{燃料流量} = \frac{1}{C \cdot BP} = \frac{1}{C(T \cdot V/\eta_p)} = \frac{\eta_p}{C \cdot D \cdot V} = \frac{\eta_p}{C} \cdot \frac{1}{W(C_D/C_L)(2W/\rho C_L S)^{1/2}} = \frac{\eta_p}{C} \cdot \frac{C_L^{3/2}}{C_D} \cdot \left(\frac{\rho S}{2W^3}\right)^{1/2}$$

(13-18)

この式も、重量が W のときの瞬間の比航続時間を表すものであり、比航続距離の場合と同様に近似式である。

比航続時間に影響を与える要素のうち、運用面で関わるものは、式(13-18)により、次のとおりである。

① 単位パワー当りの燃料消費率 C、プロペラ効率 η_p、重量 W については、比航続距離と同様である。

② $(C_L^{3/2}/C_D)$ を大きくすれば、SE は長くなる。従って$(C_L^{3/2}/C_D)$ が最大となる速度、すなわち必要パワー P_r が最小となる速度で飛行すれば、SE はほぼ最大となるので、目的飛行場の上空に達しても、天候、空港混雑などの原因で進入・着陸が行えず待機する場合に、この速度は有用である。またクリーン形態では有害抗力は小さくなり、$(C_L^{3/2}/C_D)$ が大きくなるので、着陸装置および高揚力装置を上げた方が、SE は長くなる。

③ 空気密度 ρ が大きいほど、SE は長くなる。従って、高度は低いほど、気温も低いほど SE は長くなる。

（２）航続時間

航続距離と同様に、巡航開始時と終了時の間の SE 平均値に消費燃料量を掛ければ、航続時間の近似値が求められるから、飛行中は、(使用可能残燃料量)／(燃料流量の平均値)で、おおよその残りの航続時間が算出できる。

13・5　降下飛行と滑空飛行

定常降下飛行を行っているときに、飛行機に働く力を図 13.19 に示す。

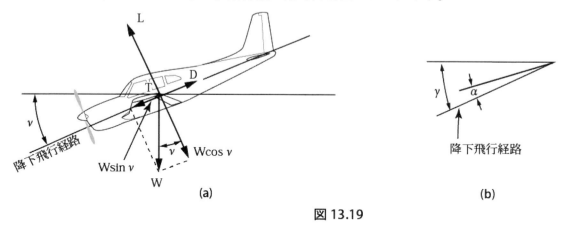

図 13.19

1．降下角・滑空角と滑空比

水平面と降下飛行経路の成す角を降下角 Descent angle という。また、エンジン不作動で、グライダーのように推力がない状態での降下を滑空といい、このときの降下角を特に滑空角 Glide angle という。図(b)に示すように降下角 γ は水平面と機体の縦軸の成す角ではなく、また降下飛行経路、縦軸、推力線は一致しないが、上昇の場合と同様にすべて一致するものとする。定常降下のときには、定常上昇飛行の上昇角 γ を降下角 −γ とすれば、式(13-12)、(13-13)が成り立つが、ここでは混同を避けるため、降下角を γ として飛行経路に沿った力の釣り合いを考えると、次の式が成り立つ。

$$L = W \cos \gamma \qquad (13\text{-}19)$$
$$D = T + W \sin \gamma \qquad (13\text{-}20)$$

降下飛行経路の勾配を降下勾配 Descent gradient という。エンジン出力がアイドルで降下しているときは、滑空飛行に近いので $T = 0$ とすると、降下勾配 $\tan \gamma$ は、式(6-3)、(13-19)、(13-20)より、次の式で表される。

$$\tan \gamma = \frac{(D/W)}{(L/W)} = \frac{D}{L} = \frac{1}{(C_L/C_D)} \qquad (13\text{-}21)$$

降下勾配 $\tan \gamma$ が最少、すなわち降下角・滑空角 γ が最小となるのは、上式より、揚抗比最大のときであり、このときの迎え角に対応する速度 $V_{L/D}$ で降下するときであることが分かる。

滑空距離(水平距離)と降下高度(垂直距離)の比を滑空比 Glide ratio といい、滑空勾配の逆数であるから、上式より、次の式で表される。

$$滑空比 = \frac{滑空距離}{降下高度} = \frac{1}{\tan \gamma} = \frac{L}{D} = \frac{C_L}{C_D} \qquad (13\text{-}22)$$

この式より、滑空比とは揚抗比であることが分かる。従って、滑空比を最大とするためには、最小抗力速度 $V_{L/D}$ で降下すればよく、このとき滑空角は最小となる。滑空勾配・滑空角を小さくしようとして迎え角を大きくし、その結果 $V_{L/D}$ より小さい速度になると、C_L は増すものの C_D の増し分の方が大きいので、揚抗比、すなわち滑空比は低下し、滑空角は増加する。また、アスペクト比が大きい方が、揚抗比が大きくなるので滑空比は大きくなる。

滑空性能を理解することは、飛行中エンジンが不作動となったとき、自機の高度から不時着地点の範囲を推測して不時着場所を選定したり、不時着を成功させるのに必要な飛行機の性能を推定するときに、時間的余裕を確保するために不可欠である。

実際の飛行機の滑空比は、単発レシプロ機はフェザリングプロペラを装備していないので10 程度、双発レシプロ機では 10〜15、ジェット輸送機では 20 程度、最近のグライダーでは40 以上である。

2. 降下率

降下飛行しているときの速度 V(降下飛行速度)の鉛直方向の成分を降下率 Rate of Descent:ROD という。エンジン出力をアイドルとして降下しているときの降下率は、$P_a \cong 0$ であるから、式(13-20)、(13-1)、(13-5)より、

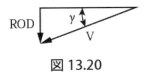

図 13.20

$$ROD = V \sin \gamma = \frac{V(D-T)}{W} = \frac{D \cdot V - T \cdot V}{W} = \frac{P_r - P_a}{W} \cong \frac{P_r}{W} \qquad (13\text{-}23)$$

となり、降下率が最小となるのは、必要パワー P_r が、ほぼ最小のときである。従って1節1で述べたように、ほぼ $(C_L^{3/2}/C_D)$ 最大の迎え角のときに降下率は最小になり、降下を開始した高度に対する降下・滑空時間は最大になる。

3. 降下飛行速度

上昇飛行速度の場合と同様に、式(13-23)は、ある重量 W における P_a〜V 曲線と P_r〜V 曲線を用いれば、対気速度 V に対する$(P_r - P_a)$、すなわち降下率 ROD の変化が表されることを示している。図 13.21 は、利用パワー$P_a = 0$ として、V に対する ROD の変化を表したものである。ただし、直感的に分かりやすいように、降下率・降下角は下方を（＋）として表している。この図において、降下率が最小の点は必要パワー P_r がほぼ最小であり、ほぼ $(C_L^{3/2}/C_D)_{max}$ に対応する速度で最小降下率 ROD_{min} が得られる。また、原点から ROD 曲線上の点 A に引いた直線と横軸の成す角が、降下率 A のときの速度における降下・滑空角 γ になるから、ROD 曲線に対して原点から引いた接線が最小降下角となり、その接点で P_r / V が最小となる。一方、式(13-1)より、$P_r / V = D$ なので、この点で抗力 D が最小となるから、これに対応する最小抗力速度$V_{L/D}$で最小降下角が得られる。図から明らかなように、最小降下率 ROD_{min} が得られる速度は最小降下角が得られる速度 $V_{L/D}$ より小さい。

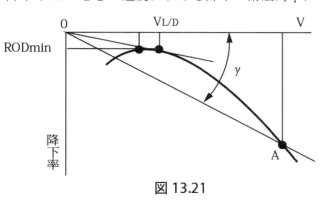

図 13.21

4．定常降下飛行・滑空性能に影響を与える要素

定常降下・滑空性能に影響を与える要素は、次のとおりである。

a．着陸装置、スピードブレーキと高揚力装置

基本的に 3 節の説明と同様であり、脚・フラップを下げ着陸形態になると、必要パワー P_r が増加するので、ROD 曲線は図 13.22 のように変化するため、降下角、降下率ともに増大する。

b．重量

図 13.23 は、V と降下率・降下角の重量による変化を表したものである。図から分かるように、重量が大きいほど最小降下率は大きくなり、最小降下率 ROD_{min} が得られる速度も大きくなる。また、同じ V で降下するとき、比較的高速の領域では重量が大きいほど降下率は小さくなり、比較的低速の領域では逆に降下率は大きくなる。最小降下角は、異な

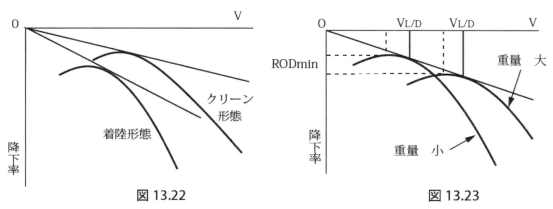

図 13.22　　　　　　図 13.23

る重量のROD曲線に対して原点から引いたそれぞれの接線が一致するので、重量によらず一定であるが、重量が大きいほど最小降下角が得られる速度$V_{L/D}$は大きくなることが分かる。

c．風

3節の説明と同様であり、向い風の場合は、対地速度は減少するので、<u>地表面に対する降下角</u>は増加し、追い風の場合はこれと反対である。降下率は影響を受けない。

また、気温が標準大気温度より高いと、降下距離・時間とも僅かに大きくなるが、無視できる程度である。

なお、実際の飛行では、指示対気速度IAS（またはCAS）を一定として降下を行うが、この場合は高度が低くなるにつれ真対気速度TASは減少し減速しているから、非定常飛行になる。また、実際の飛行では、降下中にエンジンが冷え過ぎるのを避けるために、エンジン出力を多少残して飛行するのが普通であるが、この場合でも上で述べたことに大きな差異はない。

13・6 運動性能
1．旋回飛行
（1）水平定常釣り合い旋回

旋回飛行は、飛行機の進行方向を変える運動で、主に補助翼を用いて縦軸回りに横揺れを生じさせて機体を傾けることで行われる。定常旋回とは、飛行速度が等速の円運動であり、横滑りのない旋回を釣り合い旋回 Coordinated turn という。このとき、図13.26のように、速度Vの方向は旋回飛行経路の接線方向になっている。飛行旋回は、水平、上昇、降下のときに行われるが、上昇、降下旋回は水平旋回に上昇、降下を加えたものであるから、この節では、特に断りがない限り、水平定常釣り合い旋回（以下、水平旋回という）について述べる。

水平旋回飛行を行っているときの飛行経路と飛行機に働く力を図1.3および図13.24に示す。このとき、機体は傾いているので揚力も傾き、その鉛直方向の成分が重量と釣り合っているから、水平旋回時の揚力は直線水平飛行時の揚力より大きくなる。また、その水平方向の成分が円運動の向心力となるから、機体を基準として考えると、この力が遠心力と釣り合っており（1・1節参照）、旋回半径をrとすると、遠心力＝$(W/g)(V^2/r)$であるから、バンク角をφとすれば、水平旋回を行っているときには、次式が成り立つ。

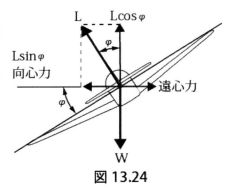

図13.24

$$W = L\cos\varphi \tag{13-24}$$

$$\frac{W}{g}\frac{V^2}{r} = L\sin\varphi \tag{13-25}$$

（2）荷重倍数

1節で述べたように、揚力（主翼の荷重）をL、機体重量をWとすれば、荷重倍数 $n = L/W$ であるから、水平旋回を行っているときは、式(13-24)より、

$$n = \frac{L}{W} = \frac{1}{\cos\varphi} \tag{13-26}$$

となる。従って、このときの翼面荷重は、式(13-26)より、次の式で表される。

$$\frac{L}{S} = \frac{nW}{S} = \frac{W}{S\cos\varphi} \tag{13-27}$$

直線水平飛行を行っているときは、L = W であり、n = 1 であるから、1g飛行という。旋回中は、見かけの重力の大きさがnWとなるので、飛行機の搭乗者は、体重がn倍になったように感じる。いわゆる「Gがかかる」というのは、このように1g以外の荷重となる状態をいう。

水平旋回を行っているときの失速速度 V_S と定常水平直線飛行時の失速速度 V_S' との関係は、式(13-10)、(13-26)より、次のように表される。

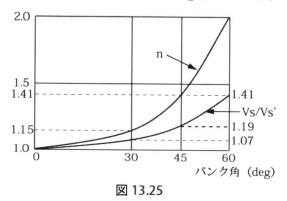

図 13.25

$$V_S = V_S'\sqrt{n} = V_S'\frac{1}{\sqrt{\cos\varphi}} \tag{13-28}$$

旋回中の V_S は、バンク角 φ に対し、上式にしたがって変化する。水平旋回を行っているときの荷重倍数と失速速度のバンク角による変化を、図13.25に示す。

（3）旋回半径と旋回率

旋回半径 Radius of turn : r は、式(13-25)、(13-24)より、次の式で求められる。

$$r = \frac{W}{g}\frac{V^2}{L\sin\varphi} = \frac{W}{g}\frac{V^2}{(W/\cos\varphi)\sin\varphi} = \frac{V^2}{g\tan\varphi} \tag{13-29}$$

上式より、水平旋回のように飛行経路を一定に維持するときの旋回では、速度Vが大きいほど、またバンク角 φ が小さいほど、旋回半径は大きくなることが分かる。

旋回率 Rate of turn とは、単位時間当りの旋回角度であり、円運動における角速度（1・1節参照）のことであるから、ω で表され、旋回角速度ともいわれる。旋回率は、式(13-29)より、次の式で表される。

$$\omega = \frac{V}{r} = \frac{g\tan\varphi}{V}\ [\text{rad/sec}] = \frac{g\tan\varphi}{V}\frac{180}{\pi}\ [\text{deg/sec}] \tag{13-30}$$

従って、360°旋回に要する時間 t は、次の式で表される。

$$t = \frac{2\pi}{\omega} = \frac{2\pi V}{g\tan\varphi}\ [\text{sec}] \tag{13-31}$$

（４）非釣り合い旋回

横滑りを伴う非釣り合い旋回には、図 13.26 に示すように、内滑り Slip 旋回と外滑り Skid 旋回がある。

内滑りでは、旋回の内側に横滑りしており、速度 V の方向は機体の縦軸より内側に向いている。そのため、図 13.27 のように、見かけの重力の方向は、点線で表された揚力の対称線より旋回内側にずれるので、旋回計のボールも旋回内側にずれる。これは、釣り合い旋回するのに必要なバンク角より大きい状態であることを示している。また、旋回するための向心力となる揚力の水平方向の成分が相対風により機体に作用する横力によって減少するので、バンク角に対する旋回半径は大きくなる。

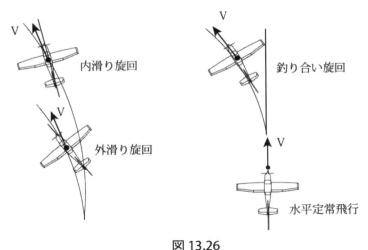

図 13.26

外滑りでは、反対に旋回外側に横滑りし、速度 V の方向は機体の縦軸より外側に向いているので、見かけの重力の方向は、揚力の対称線より旋回外側にずれるから、旋回計のボールは旋回外側にずれる。これは、釣り合い旋回するのに必要なバンク角より小さい状態であることを示している。また、内滑りとは反対に、揚力の水平方向成分に横力が加わるので、バンク角に対する旋回半径は小さくなる。従って、<u>同じバンク角で旋回する場合</u>、旋回半径は、内滑り旋回では釣り合い旋回より大きくなり、外滑り旋回では小さくなる。

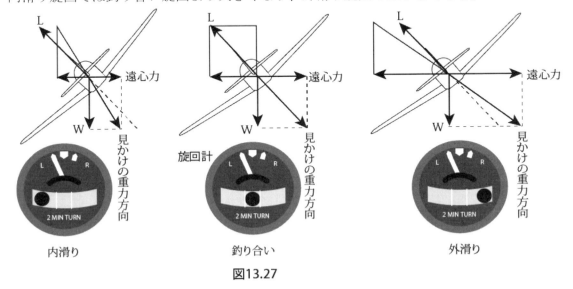

図13.27

２．引き起こし

急降下からの引き起こし Pull up や宙返り Loop のような鉛直面における運動でも、旋回のときと同様に荷重倍数は変化する。

急降下から半径rの引き起こしを行うとき、遠心力について旋回の場合と同様に考えると、最大荷重は、機体重量が遠心力に加わる飛行経路の最低部で生じる。この間、飛行速度は一定とすると、機体の位置が最低部にある瞬間の荷重と荷重倍数は、重量がWのとき、次の式で表される。

$$L = W + \frac{W}{g}\frac{v^2}{r} \qquad \therefore n = \frac{L}{W} = 1 + \frac{v^2}{gr}$$

13・7　離陸性能

通常、離陸は次のような操作手順で行われる。機体を滑走路上に静止させ、エンジン出力を離陸出力まで増加させて地上滑走を開始する。対気速度が増加し、定められたローテーション速度 V_R（CAS または IAS）になったら、機首上げ操作を行う。その後、リフトオフ速度 V_{LOF} で機体は自然に浮揚する。浮揚後は、必要な上昇性能が得られるように定められた上昇速度で上昇する。

１．離陸速度

　　離陸滑走を開始し、対気速度が増加して離陸形態での失速速度 V_{S1} に達すれば、飛行機は浮揚するが、このときの安全を確保するため、機首上げ操作を開始した後、ある程度の余裕をもった速度で機体を浮揚させる必要があり、またその後も同様に、ある程度の余裕をもった速度で飛行する必要がある。

　　離陸速度 Takeoff speed には、次のようなものがある。

ａ．ローテーション速度 Rotation speed：V_R

　　ローテーション速度とは、操縦者が滑走路から飛行機を浮揚させるための操作を行う速度であり、耐空性審査要領では、次のように定めている。

① 単発機

　V_R は、V_{S1} 以上でなければならない。

② 多発機

　V_R は、1.05 V_{MC} または 1.10 V_{S1} のいずれか大きい速度以上でなければならない。

ｂ．離陸面上 50ft（15m）に達したときの速度

　　離陸滑走路面からの高度が 50ft（15m）に達したときの速度であり、本書では 50ft 速度と呼ぶ。この速度について、耐空性審査要領では、次のように定めている。

① 単発機

　次のいずれか大きい速度とすること。

　　ⅰ）乱気流および発動機の完全停止を含むすべての通常想定される状態で、飛行を継続するために安全が証明された速度

　　ⅱ）1.20V_{S1}

② 多発機

　次のうち最も大きい速度とすること。

ⅰ）乱気流および臨界発動機の完全停止を含むすべての通常想定される状態で、飛行を継続（または必要であれば緊急着陸）するために安全が証明された速度
ⅱ）$1.10V_{MC}$
ⅲ）$1.20V_{S1}$

2．離陸距離

離陸距離 Takeoff distance とは離陸開始静止点から離陸面上 50ft（15m）に達するまでの水平距離である、と耐空性審査要領に定められている。すなわち、図 13.28 のように、離陸開始静止点から機体が浮揚するまでの地上（離陸）滑走距離 Ground roll distance と、浮揚した後、離陸面上 50ft（15m）に達するまでの離陸空中距離 Air distance の和である。

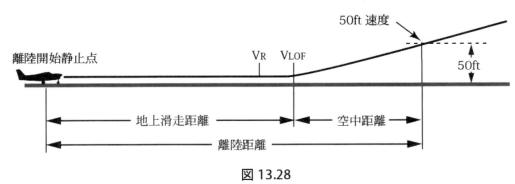

図 13.28

離陸距離は、次の条件下で決められる。
・発動機は、離陸出力であること。
・フラップは離陸位置、着陸装置は下げ位置にあること。

（1）地上（離陸）滑走距離

地上を滑走している飛行機に働く力は、図 13.29 に示すように、推力 T、抗力 D、揚力 L、重量 W、車輪と滑走路面との摩擦力 F である。F は、滑走路面の摩擦係数 μ（17・3 節参照）と車輪が滑走路面を押す力、すなわち車輪に加わる機体の荷重（W−L）に比例する。従って、F＝μ(W−L)であり、滑走路の勾配 φ（上り勾配を正）は非常に小さいので、重量による前後方向の力は Wφ となるから、前方への加速度を a とすると、地上滑走では、次の式が成り立つ。

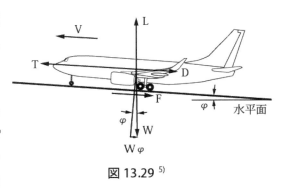

図 13.29 [5]

$$\frac{W}{g}a = T - (D + F + W\varphi) = T - \{D + \mu(W-L) + W\varphi\} \qquad (13\text{-}32)$$

滑走中に働く加速力（上式の右辺）が一定であれば、左辺の a は一定となる。このとき、V_G を離陸開始 t 秒後の対地速度とすると、次の式が成り立つ。

$$V_G = at \qquad (13\text{-}33)$$

T を離陸開始から V_{LOF}（対気速度）に達するまでの時間、$V_{LOF\text{-}G}$ を対気速度が V_{LOF} に達

したときの対地速度（無風ならば、$V_{LOF} = V_{LOF-G}$）とすると、上式は、

$$V_{LOF-G} = a\,T \tag{13-34}$$

となる。従って、離陸滑走距離を S_G とすると、式(13-34)より、次の式が成り立つ。

$$S_G = \int_0^T V_G\,dt = \int_0^T a\,t\,dt = \frac{1}{2}a\,T^2 = \frac{V_{LOF-G}^2}{2a} \tag{13-35}$$

しかし、プロペラ機では、実際の加速度は、離陸開始時からリフトオフ時まで、機速の増加につれて減少するため、一定にはならない。式(13-32)の F は(W－L)に比例するので、地上滑走中、速度が増大するにつれ減少するから、その間、後方向の力（D＋F＋Wφ）はほぼ一定であるが、推力 T は速度とともに低下するため、式の右辺は速度とともに減少するからである。そこで、地上滑走中の平均加速度 $\bar{a}$ を考え、式(13-35)の加速度 a をこれに置き換えて、離陸滑走距離に影響する要素について検討してみる。

（２）離陸距離に影響を与える要素

離陸滑走距離に影響を与える要素とその影響は、下記の f および g を除いて、離陸空中距離に影響を与える要素とその影響と同様である。従って、離陸滑走距離に影響を与える要素について平均加速度を考慮し、式(13-32)、(13-35)により説明するが、これらの要素は離陸距離にも同じ影響を与える。

a．エンジン推力 T

エンジン推力 T が大きいほど、加速力が大きくなり、平均加速度 $\bar{a}$ が大きくなるので、離陸滑走距離 S_G は短くなる。

b．重量 W

$(V_{LOF-G})^2$ は重量 W に比例し、また加速力が同じならば平均加速度 $\bar{a}$ は W に反比例するので、W が大きくなると、S_G は W^2 に比例して長くなる。

c．フラップ角

フラップ角が大きいほど、同一の迎え角に対する揚力係数が大きくなるので、V_{LOF} は小さくなり、V_{LOF-G} も小さくなるから、S_G は短くなる。ただし、フラップ角が大きいほど、同一の揚力係数に対する抗力係数が大きくなるので、浮揚後の加速・上昇性能は低下する。

d．空気密度

離陸操作では、気圧高度や気温によらず IAS または CAS で表示された同一の V_R を用いるが、気圧高度あるいは気温が高くなって空気密度 ρ が小さくなると、TAS は大きくなるため V_{LOF} は大きくなるから、V_{LOF-G} も大きくなる。また、過給機が装備されていないエンジンでは、推力 T が減少し、平均加速度 $\bar{a}$ も減少する。この二つの要因により、気圧高度あるいは気温が高いほど、S_G は長くなる。

e．風

離陸滑走方向の向い風成分 Head wind component が大きいほど、V_{LOF-G} は小さくなるから、S_G は短くなる。逆に、追い風成分 Tail wind component がある場合は長くなる。無風のときは、$V_{LOF} = V_{LOF-G}$ であるから、式(13-35)より、$S_G = V_{LOF}^2/2\bar{a}$ となる。風は一様

であって、離陸滑走方向の風の成分を V_w（向い風を正）、風があるときの離陸滑走距離を S_{GW} とすると、$V_{LOF-G} = V_{LOF} - V_w$ であるから、式(13-35)より、次の式が成り立つ。

$$\frac{S_{GW}}{S_G} = \frac{(V_{LOF-G})^2/2\bar{a}}{V_{LOF}^2/2\bar{a}} = \frac{(V_{LOF} - V_w)^2/2\bar{a}}{V_{LOF}^2/2\bar{a}} = (1 - \frac{V_w}{V_{LOF}})^2 \tag{13-36}$$

なお、T 類の飛行機では、飛行規程などの離陸性能チャートで示される離陸距離は、安全上の余裕をもたせるために、向い風の場合は通報された風速の向い風成分の 50％の風速、追い風の場合は追い風成分の 150％の風速があるものとみなして補正するように定められており、これは他の耐空類別の機体にも適用されることが多い。

横風成分 Cross wind component が大きいほど、滑走路を直進するために大きな補助翼と方向舵の舵角が必要となり、抗力が増加するため、S_G は長くなる。

f．滑走路の勾配 φ

上り勾配が大きいほど、$W\varphi$ が大きくなるので加速力が小さくなり、平均加速度 $\bar{a}$ が小さくなるから、S_G は長くなる。逆に、下り勾配の場合は短くなる。

g．滑走路面の状態（17・3 節参照）

滑走路面上にある半解けの積雪や水たまりが機体に対する抵抗となるとき、あるいは摩擦係数 μ が大きくなる未舗装の芝生の滑走路などでは、F が大きくなり、平均加速度 $\bar{a}$ が小さくなるので、S_G は長くなる。

図 13.30 は、ある双発機の飛行規程に記載された離陸距離を算出するチャートの例である。

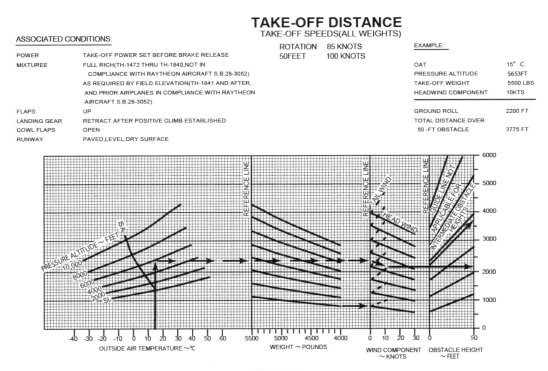

図 13.30

3. 離陸中のエンジン故障

単発機では、離陸滑走中にエンジンが故障したときは、離陸を断念 Rejected takeoff し、ただちにエンジン出力をアイドルにし、ブレーキを最大に使用して滑走路内で止まれるように操作しなければならない。

多発機では、エンジン故障が発生したときの機速によって対応が異なり、離陸を断念するか、あるいは離陸を継続するか、いずれかの操作をすることになる。図 13.31 で示されているのは、①全エンジン作動の場合、②V_R でエンジンの故障が発生し、離陸を断念する場合、③V_R でエンジンの故障が発生したが、そのまま離陸を継続する場合、の機速と距離の関係を示す曲線である。①で示される距離は、上述の離陸距離である。②で示される距離を加速停止距離といい、③で示される距離を加速継続距離という。基準の速度として V_R が選ばれるのは、浮揚後の安全にかかわる速度の V_{S1} と V_{MC} に対し余裕が確保できる最小の速度だからである。

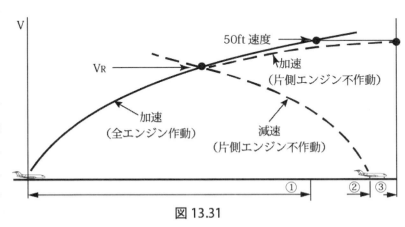

図 13.31

（1）加速停止距離 Accelerate-stop distance

離陸開始静止点から通常の離陸と同様に加速し、V_R に達したとき、臨界発動機に故障が発生したので離陸を断念し、ただちに全エンジン出力をアイドルにして車輪ブレーキおよび他の制動装置を最大に使用することにより完全に停止するまでに要した距離を加速停止距離という。この距離の算出にあたって、エンジン故障の発生からパイロットの制動操作開始までの時間的余裕は考慮されている。加速停止距離が使用滑走路長の範囲内で、かつ離陸を中断したときの速度が V_R 以下ならば、滑走路末端までに完全に停止できる。飛行規程などには、加速停止距離を算出するために離陸距離用のものと類似のチャートが記載されている。

（2）加速継続距離 Accelerate-go distance

離陸開始静止点から通常の離陸と同様に加速し、V_R でエンジンの故障が発生したが、そのまま離陸を継続し、離陸面上 50ft（15m）に達するまでの水平距離を加速継続距離という。加速継続距離の算定条件は、故障後ただちに不作動エンジンのプロペラをフェザーなどにして抗力最小位置とすること、着陸装置は浮揚後上げ位置にすること、フラップは上げ位置であることなどである。V_R を超えた速度でエンジン故障が発生したときは、離陸の継続が可能となる。飛行規程などには、加速継続距離を算出するために加速停止距離用のものと類似のチャートが記載されている。

4. 離陸上昇性能

離陸上昇時の安全を確保するために必要とされる上昇性能が、最大重量 6,000lb 以下の小

型ピストン飛行機について、耐空性審査要領で次のように定められている。

単発機・多発機ともに全エンジン作動のときは、次の条件下において、海面上での定常上昇勾配が 8.3% 以上でなければならない。
・全エンジンは連続最大出力の限界内で運用されている。
・着陸装置は上げ位置、フラップは離陸位置にある。
・上昇速度は、単発機では $1.2V_{S1}$、多発機では、$1.1V_{MC}$ と $1.2V_{S1}$ のいずれか大きい方以上であること。

多発機では、1エンジン不作動のときに必要とされる上昇性能も定められているが、その内容は最大重量における V_{SO} の値によって異なり、例えば V_{SO} が 61kt を超える飛行機の場合、次の条件下で、気圧高度 5,000ft(1,500m) における定常上昇勾配が 1.5% 以上となっている。
・臨界発動機は不作動で、そのプロペラは（フェザーなどの）抗力最小の位置にあること
・残りのエンジンの出力は連続最大出力以下の出力であること。
・着陸装置およびフラップは上げ位置であること。
・上昇速度は、$1.2V_{S1}$ 以上であること。

なお、C 類、T 類の離陸性能については、上述とは異なった規定が耐空性審査要領に定められている。

13・8　進入・着陸性能

通常、進入・着陸は次のような操作手順で行われる。所定の接地目標点に向かって、所定の進入角（着陸面と進入降下経路の成す角で 3°程度）と着陸進入速度 Landing approach speed で降下し、滑走路に近づいたら（小型機では高さ 10～20ft）、接地前に機首上げ操作を行って降下角を滑走路面と平行近くまで小さくし、機体を着陸姿勢にして接地する。その後、地上滑走を行い、滑走路で停止、あるいは誘導路に入る速度まで減速する。接地前に行う進入姿勢から着陸姿勢に移行させる操作を返し操作 Round out あるいはフレア Flare という。

1．参照着陸進入速度

着陸面上 50ft を通過するときの速度を参照着陸進入速度 Reference speed：V_{REF} という。最大重量 6,000lb 以下の小型ピストン機について、V_{REF} は、フラップを離陸位置のうち最も下げた状態により決定される V_{MC}、または $1.3V_{SO}$ のいずれか大きい方の速度以上であること、と耐空性審査要領に定められている。なお、この速度を 50ft 速度 Speed at 50ft あるいは単に進入速度 Approach speed ということがある。

2．着陸復行

着陸進入中、定められた飛行経路や速度から大きく外れたり、あるいは視界が悪く滑走路を視認できなくて安全に着陸することが困難であると判断したときには、進入を取りやめ、やり直さなければならない。最終進入段階に入った後、全エンジン離陸出力、着陸形態（着陸装置下げ、フラップ着陸位置）での着陸のやり直しを着陸復行 Go-around あるいは Balked landing という。最大重量 6,000lb 以下の小型ピストン機について、着陸復行では、上昇速度 V_{REF} で、海面上における定常上昇勾配が 3.3％以上でなければならない、と耐空性審査要領で定められている。なお、C 類、T 類では、臨界発動機不作動の状態で進入を中止するときに必要とされる上昇勾配も定められている。

　3 節で述べたように、小型双発機では、片側エンジンが不作動となったときは、余剰パワーは著しく減少する。片側エンジン不作動状態での着陸復行では、機体は着陸形態であるから、余剰パワーは一層減少し、重量・気温・気圧高度の組み合わせによっては、水平飛行も不可能となる。従って、着陸形態での着陸復行は避けなければならず、逆にいえば、確実に着陸可能と判断された後でなければ、フラップを着陸位置にしてはならない。

3．着陸距離

　着陸距離 Landing distance とは、着陸面上 50ft（15m）から接地し完全に停止するまでに必要な水平距離である、と耐空性審査要領に定められている。すなわち、図 13.32 のように、着陸面上 50ft（15m）の高さから機体が接地するまでの着陸空中距離 Air distance と、接地した後、完全に停止するまでの地上（着陸）滑走距離 Ground roll distance の和である。

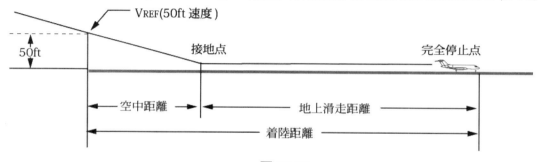

図 13.32

着陸距離は、次の条件下で決められる。

・高さ 50ft までは V_{REF} 以上の速度で定常的に進入すること。
・高さ 50ft に達するまで、3°以下の降下角（降下勾配）で定常的に進入すること。
・着陸は、過大な垂直加速度または跳躍 Bounce、転覆、ポーポイズ Porpoise、グランドループ Ground loop のおそれがなく行われること。
・高さ 50ft における状態から安全に着陸復行が行えること。
・車輪ブレーキは、ブレーキとタイヤを過度に摩耗させないように使用すること。
・リバースピッチプロペラなどの車輪ブレーキ以外の制動装置は、安全で信頼でき、確実な結果が期待できれば使用することができる。

（1）地上（着陸）滑走距離

　着陸滑走でも、飛行機に働く力は図 13.29 のとおりであるから、式(13-32)は成り立つが、前方への加速度 a は、後方への加速度となるから負の値となる。そこで、ここでは説明を分かり易くするために a を減速度とすると、離陸滑走距離における加速度 a は－a と置き換えられ、式(13-32)は次のようになる。ただし、μ は制動摩擦係数 Braking coefficient of friction である（17・3 節参照）。

$$\frac{W}{g}(-a) = T - \{D + \mu(W-L) + W\varphi\} \qquad \therefore \frac{W}{g}a = D + \mu(W-L) + W\varphi - T \qquad (13\text{-}37)$$

V_{TD} を接地点における対気速度、$V_{TD\cdot G}$ をその対地速度、T を接地点から完全停止に至るまでの時間、S_L を着陸滑走距離とすると、滑走中の減速度が一定であれば、離陸滑走の式(13-35)と同様に、次の式が成り立つ。

$$S_L = \int_T^0 -a\,t\,dt = -\left(-\frac{1}{2}aT^2\right) = \frac{V_{TD\text{-}G}{}^2}{2a} \qquad (13\text{-}38)$$

実際の減速度は、諸条件の変化により、一定にはならない。そこで、離陸滑走の場合と同様に、地上滑走中の平均減速度 ā を考え、着陸滑走距離に影響する要素について検討する。

(2) 着陸距離に影響を与える要素

着陸滑走距離に影響を与える要素について、平均減速度を考慮し、式(13-37)、(13-38)により説明するが、離陸距離の場合と同様に、これらの要素は着陸距離にも同じ影響を与える。

a．重量 W

重量 W が大きいほど、失速速度 V_{SO} が大きくなるため V_{REF} も大きくなるから、$V_{TD\cdot G}$ は大きくなる。また、減速力（式(13-37)の右辺）が同じならば、重量が大きくなるほど、平均減速度 ā は小さくなるので、着陸滑走距離 S_L は長くなる。

b．フラップ角

フラップ角が大きいほど、失速速度 V_{SO} が小さくなり V_{REF} も小さくなるから、$V_{TD\cdot G}$ が小さくなり、また、抗力 D が大きくなり減速度 ā が大きくなるので、S_L は短くなる。

c．空気密度

気圧高度や気温によらず IAS で表示された同一の V_{REF} を用いるので、気圧高度あるいは気温が高くなって空気密度 ρ が小さくなると、V_{REF} (TAS) は大きくなるため、$V_{TD\cdot G}$ も大きくなる。従って、気圧高度あるいは気温が高いほど、S_L は長くなる。

d．風

離陸滑走距離のときとまったく同様であり、式(13-35)が適用できる。すなわち、S_{LW} を風があるときの着陸滑走距離とすると、次の式が成り立つ。

$$\frac{S_{LW}}{S_L} = \left(1 - \frac{V_w}{V_{TD}}\right)^2 \qquad (13\text{-}39)$$

ただし、V_w は、向い風を正とする。なお、飛行規程などの着陸性能チャートの着陸距離の風による補正については、離陸性能チャートの場合と同様である。

e．滑走路の勾配 φ

上り勾配が大きいほど、Wφ が大きくなるので減速力が大きくなり、平均減速度 ā が大きくなるから、S_L は短くなる。逆に、下り勾配の場合は長くなる。

f．滑走路面の状態（17・3節参照）

滑走路面の状態が、着陸滑走距離に与える影響は状況によって異なる。前節で述べたように、地上滑走中に働く車輪と滑走路面との摩擦力 F は、滑走路面の摩擦係数 μ と車輪に

加わる機体の荷重に比例する。未舗装の芝生の滑走路などでは、ブレーキを作動させたとき、タイヤが滑って制動摩擦係数 μ が小さくなり、この影響が前節の 2. g に述べた影響より大きいので減速力が小さくなるため、S_L は長くなる。一方、滑走路面上に半解けの積雪や水たまりがあるときは、機体に対する抵抗となるときもあるが、μ が小さくなるときもある。積雪が圧雪状態や凍った状態であると、μ が著しく小さくなる。また路面が水に覆われている場合、ハイドロプレーニング Hydroplaning を起こすと μ は著しく小さくなる。このような場合は車輪ブレーキの効きが低下するので、S_L は著しく延びる。

なお、加速停止距離（3節参照）にも上述と同様の影響を与える。

g．進入速度

進入速度が大きければ、通常 V_{TD-G} も大きくなるので、S_L は長くなる。最大重量における同一の V_{REF} を常に用いるのではなく、重量ごとに定められた V_{REF} を用いれば、S_L は着陸距離を算出するチャートから求められた距離になる。

h．制動装置

プロペラのリバースピッチやスラストリバーサーなど、車輪ブレーキ以外の制動装置を使用すると、抗力 D が増加するので、S_L は短くなる。特に、上記 f. のような車輪ブレーキの効きが期待できない状況では、これらの制動装置の役割が非常に大きくなる。

図 13.33 は、ある双発機の飛行規程に記載された着陸距離を算出するチャートの例である。

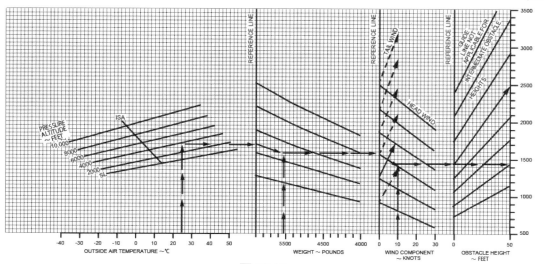

図 13.33

第 14 章　設計強度

　航空機の機体にある限度以上の荷重がかかると有害な残留変形や破壊が生じる。航空機が耐えなければならない荷重が、耐空性審査要領に耐空類別ごとに定められており、機体構造は、その荷重以内ならば有害な残留変形や破壊が生じないように設計されなければならない。この限界が構造限界 Structural limitation である。また、航空機を運用するときには、構造限界以内の荷重を限界として定め、運航中、その限界を守ることで構造限界に対する余裕を持たせている。この限界を運用限界 Operating limitation という。運用限界は、構造限界に基づくものや航空機製造者 Manufacturer が定めるもののほか、運航会社が独自に定めるものもあり、飛行規程 Airplane Flight Manual : AFM や Pilot's Operating Handbook : POH に記載され、また、速度計などの計器に標識 Color marking として示されるもの、あるいは操縦室内に掲示板 Placard で示されるものもある。運用限界を超えて航空機を運用した場合、パイロットは航空日誌 Flight log book にその内容を記入し、報告しなければならない。

14・1　構造限界

1．航空機が受ける荷重

　荷重とは、構造体に作用する外力のことで、運航しているときに、航空機が受ける荷重はいくつかに分類されるが、本書では、飛行荷重 Flight Load と地上荷重 Ground load について説明する。

　飛行荷重は、飛行している航空機に作用する荷重で、さらに運動荷重 Maneuvering load と突風荷重 Gust load に分けられる。運動荷重は、パイロットが旋回や引き起こしなどの意図的な操縦を行うことによって加わるものであり、突風荷重は、飛行中に遭遇する突風や乱気流によって加わるものである。図 14.1 は、飛行中の主翼にかかる曲げモーメントの翼幅方向の大きさを示したものである。

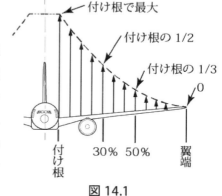

図 14.1

　地上荷重は、着陸時や地上走行しているときに加わる荷重である。

2．制限荷重と終極荷重

　制限荷重 Limit load は、実際に運用している間に予想される最大荷重である。機体の構造は、制限荷重に対して有害な残留変形を生じることなく、また、制限荷重内の荷重に対して安全な運用を妨げる変形を生じないものでなければならない。パイロットが耐空類別ごとに定められた飛行を超えた操縦を行ったり、飛行中に非常に強い突風や乱気流に遭遇すると、機体にかかる荷重は、制限荷重を超える可能性がある。航空機では、安全率 Safety factor として 1.5 をとり、制限荷重に安全率 1.5 を掛けたものを終極荷重 Ultimate load としている。

機体の構造は、終極荷重に対して少なくとも3秒間は破壊せずに耐えなければならないが、残留変形を生じる可能性はある。ただし、終極荷重が3秒以上かかると、すぐに破壊するというわけではなく、実際には、強度にまだ余裕があることが多い。

運動荷重に対する制限は、制限荷重を機体重量で割った荷重倍数によって定められており、これを制限運動荷重倍数 Limit maneuvering load factor という。制限運動荷重倍数は、フラップ下げ状態と上げ状態では異なっている。これは、フラップ下げの状態におけるフラップ取付け部の構造強度の問題によるものである。フラップ上げ状態における正の制限運動荷重倍数は、N類では3.16〜3.8、U類では4.4、A類では6.0である。負の制限運動荷重倍数は、N類、U類では正の値の−0.4倍、A類では−3である。また、T類ではほとんどの機種で、それぞれ2.5、−1である。フラップ下げ状態の制限運動荷重倍数は、すべての耐空類別で、正が2.0、負が0である。

地上荷重はいくつかに分けられるが、そのうち着陸接地時に地面から受ける荷重が最も大きいので、この荷重について説明する。図14.2は、着陸時の荷重を示したものである。地面反力Nは、機体による重力と反対の、地面から受ける上向きの力で、主に主脚に加わる。着陸接地時には、主

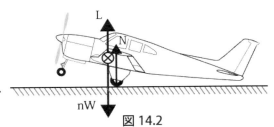

図14.2

翼はまだ飛行時と同じ揚力Lを発生しており、一方、機体の降下による垂直下向きの速度はなくなるので、このときの慣性力、すなわち着陸時の垂直方向の慣性荷重をnWとすると、$nW = N + L$であるから、$n = (N/W) + (L/W)$となる。このnを慣性荷重倍数、(N/W)を地面反力荷重倍数という。着陸接地時の荷重倍数に対する制限は、慣性荷重倍数nによって行われる。地面反力Nは、着陸接地時の機体の運動エネルギーに比例するので、接地時の機体重量あるいは降下率が大きいほど大きくなる。そのため、接地時の重量の制限や降下率の制限を設け、それらを考慮して機体の設計が行われる。従って、着陸のとき、機体重量、降下率、慣性荷重倍数の制限を超えると、機体を破損させる恐れがある。

突風荷重については、3節で述べる。

3. 設計重量

飛行機を設計する際に機体構造の強度を決めるための限界として、数種の最大重量が耐空性審査要領に定められている。

a. 設計離陸重量 Design takeoff weight

設計離陸重量は、構造設計において、地上滑走および小さい降下率での着陸に対する地上荷重を求めるために用いる最大航空機重量と定められており、上述の接地時の重量の制限に関する重量で、主として着陸装置やその支持・取り付け部構造の強度による限界である。

b. 設計着陸重量 Design landing weight

設計着陸重量は、構造設計において、大きい降下率での着陸に対する着陸荷重を求める

ために用いる最大航空機重量と定められている。これも接地時の重量の制限に関する重量で、着陸装置やその支持・取り付け部の構造強度による限界である。

c．設計零燃料重量 Design zero fuel weight

零燃料重量は、構造設計において、燃料およびオイルを全く搭載しない場合の飛行機の設計最大重量と定められており、主翼の付け根部構造の強度による限界である。燃料は主翼内の燃料タンクに搭載されるので、燃料がないときには、主翼に作用する荷重を主翼内の燃料重量によって軽減することができない。このため、零燃料重量が大き過ぎると、主翼の付け根部にかかる曲げモーメントが過大となるので、機体に制限荷重倍数がかかったときの重量を制限し、制限荷重を超えないようにしなければならない。この重量が零燃料重量である。

14・2　運動包囲線図

運動包囲線図 Maneuvering envelope は、旋回や引き起こしなどの運動を行ったときの対気速度（EAS）と荷重倍数 n との関係を表すもので、N 類（制限荷重倍数：3.8 の場合）の例（重量一定）を図 14.3 に示し、説明する。

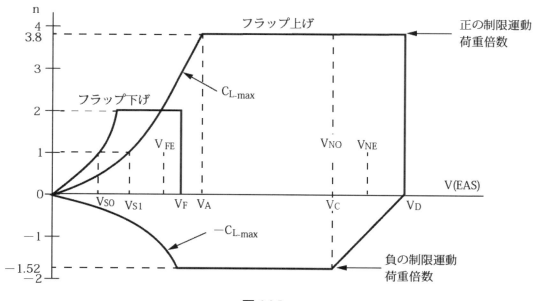

図 14.3

1．最大揚力係数 $C_{L\text{-}max}$ における荷重倍数

対気速度に対する荷重倍数の最大値は、$C_{L\text{-}max}$ における荷重倍数と制限荷重倍数で制限され、負の荷重倍数についても同様である。$C_{L\text{-}max}$ における荷重倍数については、厳密には全機に働く空気力の垂直方向分力係数の最大値 $C_{N\text{-}max}$ における荷重倍数で考えなければならないが、$C_{L\text{-}max}$ とほぼ同じなので $C_{L\text{-}max}$ における荷重倍数曲線（$C_{L\text{-}max}$ 曲線）として説明する。

ある対気速度で飛行中、大きな機首上げ姿勢に変化させると荷重倍数 n は大きくなるが、迎え角も大きくなり $C_{L\text{-}max}$ を超えると主翼は失速するので、$C_{L\text{-}max}$ における荷重倍数以上の n

は機体に加わらない。言い換えれば、C_{L-max} における荷重倍数は、与えられた対気速度に対して、失速に至るまでに加えることができる荷重倍数である。フラップ上げのときの C_{L-max} 曲線は、このときの荷重倍数 n と失速速度 V_S との関係を示すものであり、その関係は、式 (13-10) より $V_S = V_{S1}\sqrt{n}$ であるから、

$$n = (\frac{V_S}{V_{S1}})^2 \tag{14-1}$$

となる。従って、この曲線の上側の領域では、飛行機は失速する。

6・6節で述べたように、揚力係数が負のときも失速する。このとき機体は負の荷重状態であるから、上述の C_{L-max} 曲線と同様に、負の荷重倍数に対する失速速度を示す曲線が存在する。これが C_{L-max} 曲線と反対となる負の荷重倍数側の－C_{L-max} 曲線である。

2．設計速度

飛行機を設計するときには、設計速度を定めて強度が保証される範囲を決めなければならない。耐空性審査要領による設計速度（EAS）について説明する。

a．設計巡航速度 Design cruising speed：V_C

設計巡航速度 V_C は、正の制限運動荷重倍数から負の制限運動荷重倍数までかけられる最大速度であり、設計最大重量のときの翼面荷重 W／S を用いて、N、U類は $33\sqrt{W/S}$ kt 以上、A類は $36\sqrt{W/S}$ kt 以上と定められている。

b．設計運動速度 Design maneuvering speed：V_A

フラップ上げ状態で、設計（最大）重量に対し計算された失速速度 V_S を用い、n を制限運動荷重倍数とすると、$V_A \geq \sqrt{n} V_S$ と定められており、実際には、$V_A = \sqrt{n} V_{S1}$ であることが多い。従って、V_A 以下の速度で飛行しているときは、基本3舵（補助翼、方向舵、昇降舵）を最大限に使用しても、制限運動荷重倍数に達する前に飛行機は失速するので制限運動荷重倍数を超えることはないが、V_A を超えた速度で同様の操舵を行うと、制限運動荷重倍数を超える恐れがある。なお、V_A は V_C より大きい必要はない、と定められている。

c．設計急降下速度 Design dive speed：V_D

設計急降下速度 V_D は、その飛行機が出し得る最大速度である。この最大速度を制限するのは、フラッター Flutter である。フラッターは、対気速度の増大によって、旗が風ではためくように翼が振動し、それが減衰せずに発散してしまう現象である。翼の振動は、そのエネルギーが振動の発生によって変化する気流から補給されるので、対気速度が小さい間は、翼構造内部の摩擦や周りの空気による抗力によって減衰するが、対気速度が大きくなるにしたがって減衰力を上回って強くなり、ある速度を超えると、翼を破壊するほどになる。フラッターが起こり始める速度をフラッター速度という。舵面の回転振動によっても、同様の現象が起き、これを舵面フラッターControl surface flutter という。マスバランスは、舵面の前縁に鉛、タングステンなどの重い金属を取り付け、舵面の重心をヒンジ線に近づけることで舵面フラッターを防止するためのものであり、操舵力軽減とは関係ない。

また、不可逆（非可逆）式の機力操縦装置では、舵面フラッターは発生しない。（10・4節参照）

V_Dは、フラッター速度未満の速度に決められ、V_CとV_Dの間に十分な余裕を持たせることが定められている。

d．設計フラップ下げ速度 Design flap speed : V_F

設計フラップ下げ速度V_Fは、フラップ下げの状態で、その飛行機が出し得る最大速度である。離陸、進入、着陸などの各フラップ位置に対して設定され、これらの各フラップ位置における失速速度に対して十分な余裕を持たせることが定められている。

e．最大突風に対する設計速度 Design speed for maximum gust intensity : V_B

C類、T類に定められているもので、次節で説明する。

14．3　突風荷重

1．突風荷重と突風荷重倍数

図14.4（上向きの突風を示す）のように、静穏な大気中を対気速度 V (EAS) で飛行している飛行機が、突然、上向き速度 U_{de} の突風があるところに入ると、迎え角が増え、揚力が急増するので、機体にかかる荷重は増加する。この荷重を突風荷重といい、上昇・下降気流のような上下方向の突風や斜めの突風の垂直方向成分によって生じる。

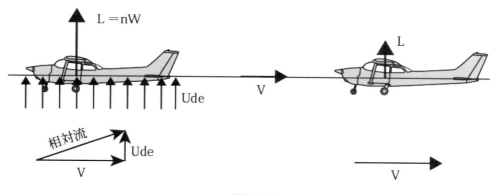

図 14.4

飛行速度 V (EAS) [kt]、垂直方向の突風速度 U_{de}[ft/sec]（上向きの突風を(＋)、下向きを(－)とする）、翼面荷重 W/S[lb/ft²]、揚力曲線勾配 $a : \Delta C_L / \Delta \alpha$（$\alpha$の単位は[rad]）とすると、突風荷重倍数 n は次の式で表される。

$$n = 1 + \frac{K_g U_{de} V a}{498(W/S)} \quad (14\text{-}2)$$

上式のK_gは、突風軽減係数と呼ばれる。実際の飛行では、飛行機は、静穏な大気から瞬間的に速度 U_{de} の突風のなかに入るわけではなく、突風空域に入ったあと、少し上昇・下降しながらこの速度の突風に遭遇するので、荷重倍数 n（絶対値）は多少減少する。これを補正するのが、突風軽減係数 K_g であり、0.8 程度である。式(14-2)より、n（絶対値）は、V、U_{de}、 aが大きいほど、またW/Sが小さいほど大きくなることが分かる。揚力曲線勾配aが大きいと、同一の迎え角変化量に対する揚力係数の変化量が大きくなる。従って、aが小さい後退翼の機体は、直線翼の機体より突風によるGが小さい。また、翼面荷重W/Sが小さい機体は、突風により大きなGがかかる。

垂直突風速度U_{de}は、過去の運航実績に基づいて決定されたもので、フラップ上げのとき、高度20,000ftまでならば、速度V_Dにおいて±25ft/sec、速度V_Cにおいて±50ft/secである。この他に、C類では、最大突風速度として±66ft/secが定められている。また、20,000ft以上の高度では、これらの値は直線状に減少するものと定められている。なお、T類の規定は、これと異なる。フラップ下げのときは、全ての耐空類別で±25ft/secである。

2．突風包囲線図

式(14-2)より、ある機体の突風荷重倍数nは、垂直突風速度U_{de}が与えられると、対気速度V（EAS）に対して直線状に変化することが分かる。図14.5は、Vとnとの関係から、突風中における荷重状態を表したもので、突風包囲線図 Gust envelope という。図14.6に示すように、普通は、$C_{L\text{-}max}$曲線と垂直突風速度66ft/secの突風線との交点を最大突風に対する設計速度V_Bとしている。また突風荷重倍数は、V_BとV_C、V_CとV_Dの間の速度では直線状に変化するものと定められている。

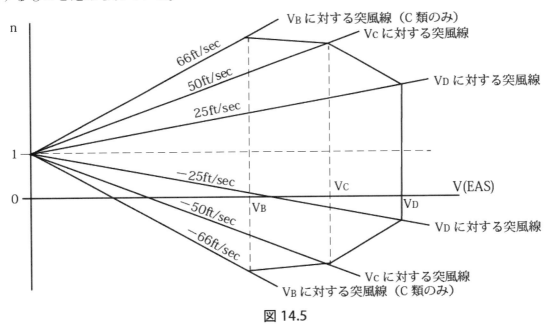

図 14.5

14・4　V-n線図

飛行機の構造は、運動包囲線内と突風包囲線内のそれぞれの荷重倍数に耐えなければならない。すなわち、二つの包囲線図を重ね合わせ、V_Dまでの任意の速度に対して大きい（絶対値）方の荷重倍数の値をつないでできる包囲線内の荷重倍数に耐えなければならない。この重ね合わせた包囲線図を、特にV-n線図 V-n diagram ということがあり、図14.6はその例

である。飛行するときは、構造の設計上、運動荷重と突風荷重が同時に加わって制限荷重倍数を超える可能性については考慮していないことに注意する必要がある。

　N、U、A類では、乱気流のなかでは設計運動速度V_Aで飛行することが望ましい。その理由は、先に述べたように、V_Aは、運動荷重については操舵上の余裕が大きく、突風荷重については最大突風に対する速度V_Bに近く、巡航速度より低速なので余裕が大きくなり、また失速速度に対して比較的余裕があるからである。C、T類では、V_Bに基づいた速度が乱気流のなかでの運用上の速度として設定されている。

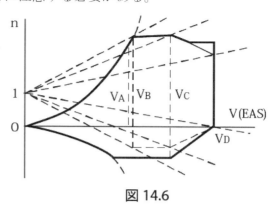

図 14.6

14・5　対気速度の運用限界

1．運用速度限界 Airspeed limitation

　a．超過禁止速度 Never-exceed speed：V_{NE}

　　超過禁止速度V_{NE}は、機体構造上絶対に超過してはならない速度であり、設計急降下速度V_Dに基づいて、$0.9V_D$近くで、$0.9V_D$を超えない値に設定される。

　b．構造上の巡航最大速度 Maximum structural limit speed：V_{NO}

　　構造上の巡航最大速度V_{NO}は、静穏な大気状態において注意を払って飛行する場合を除いて超過してはならない速度であり、V_Cに近く、V_{NE}に対して余裕がある値に設定される。

　c．最大運用限界速度 Maximum operating limit speed：V_{MO}/M_{MO}

　　最大運用限界速度V_{MO}/M_{MO}は、タービン飛行機およびT類を含む一部の飛行機に適用され、通常の運航では故意に超過してはならない速度であるが、より大きい速度が認められている場合は、この限りではない。V_{MO}は、機体構造強度によって定められた限界速度である。M_{MO}は、衝撃波誘導剥離に伴う高速バフェットで生じる機体の安定への影響から定められた限界速度であり、Mはマッハ数で示される速度であることを表す（16章参照）。V_{MO}/M_{MO}は、V_C/M_Cに近い値に設定される。

　d．最大運用運動速度 Maximum operating maneuvering speed：V_O

　　通常、V_Oとして設計運動速度V_Aが用いられ、操縦室内に掲示板で示される。

　e．フラップ下げ速度 V_{FE}

　　この速度は、8・7節で述べたフラップ下げ速度V_{FE}のことであり、設計フラップ下げ速度V_F以下の速度に設定される。V_{FE}は、操縦室内に掲示板で示される。

　f．最小操縦速度 V_{MC}

　　この速度については、12・3節で述べた。V_{MC}は、操縦室内に掲示板で示される。

　g．着陸装置操作速度 V_{LO}、着陸装置下げ速度 V_{LE}

　　これら速度については、8・8節で述べた。V_{LO}、V_{LE}は、操縦室内に掲示板で示される。

2．対気速度計の標識

対気速度計には、次のような標識を備えなければないことが定められている。

- 超過禁止速度 Never-exceed speed　　　　　　　　　V_{NE}　　　　赤色放射線
- 警戒範囲 Caution range　　　　　　　　　　　　　$V_{NE}〜V_{NO}$　黄色弧線
- 常用範囲 Normal operating range　　　　　　　　$V_{NO}〜V_{S1}$　緑色弧線
- フラップ作動範囲 Flap operating range　　　　　$V_{FE}〜V_{SO}$　白色弧線

最大重量 6,000lb 以下のプロペラ多発機のみ

- 1エンジン不作動時の最良上昇率速度　　　　　　　V_{YSE}　　　青色放射線
- 最小操縦速度（最大値）　　　　　　　　　　　　　V_{MC}　　　　赤色放射線

タービン機、T類を含む一部の飛行機のみ

- 最大運用限界速度 Maximum operating limit speed：V_{MO}/M_{MO}

マッハ数は気温によって変化するので、同じマッハ数でも、その対気速度（IAS）は気温によって異なるため（16 章参照）、対気速度計（IAS）では、高速バフェットが生じるマッハ数を示すことはできず、計器盤の目盛に標識を備えることができない。このため、V_{MO}/M_{MO} は、バーバーポール Barber pole と呼ばれる赤と白の斜め横縞模様の専用の可動の針で対気速度計に示される。また、V_{MO}/M_{MO} を超過したときに音による警報を発する装置を備えることも定められている。

なお、グラスコックピットディスプレイ Glass cockpit display の対気速度計は、数値が目盛られたテープが上下に動くことによって速度が表示される方式なので、標識の弧線はその色の帯で、また放射線はその色の横線で示され、V_{NE} 以上の速度は、赤と白の横縞模様の帯で示される。

第 15 章　重量と重心位置

　すでに説明したとおり、飛行機の重量および重心位置は、機体の構造強度、安定性・操縦性、性能に大きな影響を及ぼすので、重量および重心位置 Weight and Balance の許容範囲は運用限界として定められている。この許容範囲を逸脱した状態での飛行は非効率となり、また安全性・操縦性に深刻な悪影響を及ぼすので、パイロットは重量および重心位置の算定を行い、これらが全ての飛行段階において許容範囲内に入っていることを飛行前に確認しなければならない。

15・1　重量
1．自重と搭載重量
　飛行機自体の重量を自重 Basic empty weight、搭載物の重量を搭載重量 Useful load という。自重と搭載重量を全て加えたものが飛行機全体の重量となり、これを総重量あるいは全備重量 Gross weight という。

　自重は、主として以下の重量から成る。
- 主翼・胴体などの構造部材、エンジンなどの動力装置、固定された各種装備品類
- 固定されたバラスト
- 実際には使用不能な燃料、オイル、油圧装置の作動油

　搭載重量は、乗員・乗客・手荷物・貨物・使用可能燃料などの重量から成る。なお、上記の区分は一般的な小型機に適用され、輸送機では異なる区分となっている。

　構造設計において重量を算定するときに使用される単位重量が、設計単位重量 Design unit weight として耐空性審査要領に次のように定められている。
- 燃料：ガソリン　　6 lb/US gal（0.72 kg/ℓ）
  （ガソリン以外の燃料については、別に定められている）
- オイル　　　　　　7.5 lb/US gal（0.9 kg/ℓ）
- 乗員・乗客　　　　170 lb/人（77 kg/人）

　設計単位重量は、重量と重心位置の算定にも使用されるが、実際の計算では、乗員・乗客の重量は正確な重量を使うことが望ましく、特に搭乗者が子供や単位重量を大きく上回る体重の人の場合、実際の重量を求めて計算する必要がある。なお、設計単位重量は標準重量 Standard weight とも呼ばれる。

2．最大重量
　14・1 節で述べた設計重量に基づいて、これらを超えない範囲で運用限界として最大重量が定められており、飛行するときは、これらの重量を超えてはならない。

　ａ．最大離陸重量 Maximum takeoff weight
　　通常、最大離陸重量は設計離陸重量と同一であり、これが離陸開始点での最大重量

Maximum brake release weight となる。多くの小型機では、搭乗者が満席かつ貨物・燃料が満載の場合、最大離陸重量を超えることがあるので注意しなければならない。

b．最大着陸重量 Maximum landing weight

　　最大着陸重量は、着陸接地時における最大重量である。小型機では、着陸装置とその支持・取り付け部構造の強度が比較的大きいので、最大離陸重量と最大着陸重量が同一であることが多く、この場合は最大重量 Maximum weight という。

c．最大ランプ重量 Maximum ramp weight

　　最大離陸重量に、駐機場 Ramp から離陸開始点までの地上走行 Taxi の間に使用される燃料重量を加えた重量の最大値であり、通常の速度で地上走行すれば、着陸装置やその支持・取り付け部構造の強度が確保できる最大重量である。なお、この重量を最大タクシー重量 Maximum taxi weight ということもある。

d．最大零燃料重量 Maximum zero fuel weight

　　最大零燃料重量は、設計零燃料重量の定義より、自重と燃料重量を除いた搭載重量を加えた重量の最大値である。小型機では、この重量によって制限されることはほとんどない。

15・2　重量と重心位置の算定

1．搭載物などの位置と重心位置の表示

　　飛行機の搭載物・装備品・機体構造部分の位置は、基準線 Datum または Reference Datum からの長さ（アーム）Arm で表わされる。基準線とは、機体の縦軸上に定められた特定の点を通る縦軸に垂直な線である。基準線の位置は機種によって異なるが、一般に、機首付近に設定される。アームは、inch または cm の単位で示され、重心、搭載物や機体構造部分などの位置が、基準線より後方の場合は（＋）の符号、前方の場合は（－）の符号となる。小型機の重心位置も、基準線からの長さで表示されることが多い。また、搭載物や構造部分などの位置は、ステーション Station として表されることがあり、このステーションの基準線からの距離をステーションナンバー Station number と呼び、例えば STA 70 のように単位は

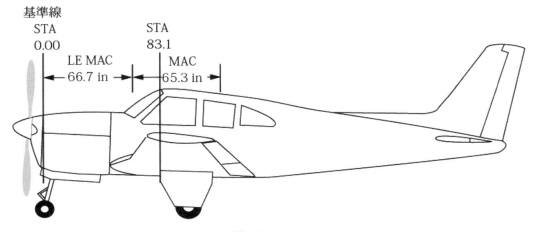

図 15.1

省略されて表示される。これは、FPS 単位を採用している機体ならば、ステーションが基準線の後方 70 in に位置していることを表している。

重心位置とその許容限界を、基準線からの長さではなく、空力平均翼弦 MAC 上の位置で表示する方法があり、MAC の前縁を 0% MAC、後縁を 100% MAC として、重心位置が空力平均翼弦の何%にあるかという形で示すものである。この方法は、一般に主翼の空力中心が 25% MAC 付近にあることから、飛行特性を把握するのに便利である。

図 15.1 は基準線、ステーションナンバーと MAC の例である。

2．重量と重心位置の算定の基本

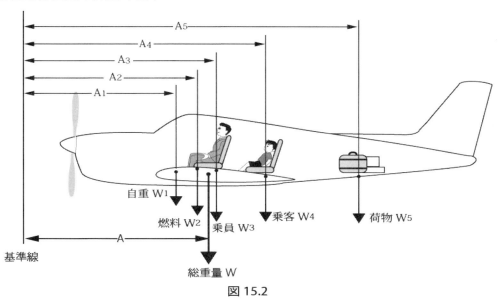

図 15.2

図 15.2 のように、総重量（全備重量）を W とし、その内訳は、自重を W_1、搭載重量は燃料 W_2、乗員 W_3、乗客 W_4、荷物 W_5 とする。また、機体の自重の重心位置を A_1、搭載位置のアームは、それぞれ A_2、A_3、A_4、A_5 とする。

ここで図 15.3 のように天秤を考え、上記の各重量をおもりに置き換えて、このおもりが吊る

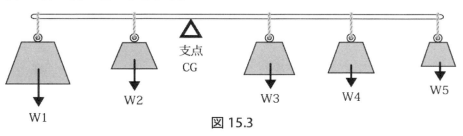

図 15.3

されているとすると、この天秤を支えたとき、天秤が平衡を保つ点、すなわち支点が存在し、この点に自重と各搭載重量を合計した重量（重力）が作用しているのであるから、この支点の位置が、自重と搭載重量を加えた総重量 W の重心位置 CG である。従って、図 15.4 のように、総重量 W の重心位置の基準線からの

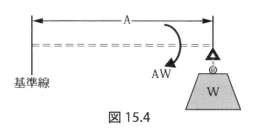

図 15.4

長さを A とすると、総重量による基準線（点）回りのモーメント AW は、次の式で表される。

$$AW = A(W_1 + W_2 + W_3 + W_4 + W_5) \quad (15\text{-}1)$$

一方、各重量による基準線（点）回りのモーメントの和 M は、図15.2 から分かるように、次の式で表される。

$$M = A_1W_1 + A_2W_2 + AW_3 + A_4W_4 + A_5W_5 \quad (15\text{-}2)$$

M は総重量による基準線（点）回りのモーメント AW と等しいので、式(15-1)と(15-2)より、総重量の重心位置 A は、次の式で示される。

$$A = \frac{A_1W_1 + A_2W_2 + A_3W_3 + A_4W_4 + A_5W_5}{W_1 + W_2 + W_3 + W_4 + W_5} \quad (15\text{-}3)$$

重量と重心位置を算定するときは、次のような表を作ると便利である。

	重量 [lb]	アーム [in]	モーメント [in-lb]
自重	W_1	A_1	A_1W_1
燃料	W_2	A_2	A_2W_2
乗員	W_3	A_3	A_3W_3
乗客	W_4	A_4	A_4W_4
荷物	W_5	A_5	A_5W_5
合計	$W_1+W_2+W_3+W_4+W_5$	—	$A_1W_1+A_2W_2+A_3W_3+A_4W_4+A_5W_5$
重心位置	A[in]＝式(15-3)		

3．インデックスユニット

4節で行うように実際に重心位置を計算してみるとよく分かるのであるが、モーメントは重量にアームをかけたものなので桁数が大きくなる。特に、大型機では重量やアームが大きくなるので、桁数が非常に大きくなり、計算に不便であるし、間違いも起こしやすくなる。そこで、計算を簡便にするために、モーメントの値に 1/100、1/1,000 などの係数をかけて桁数を小さくする方法を用いることがある。この係数を減少係数といい、減少係数をかけて桁数を小さくしたモーメントをインデックスユニット Index Unit：IU という。インデックスユニットを用いた場合は、モーメントの欄にその旨が IU などと表記される。

4．自重の測定とその重心位置の算定

自重は、ジャッキで機体の 3 点を支え、各ジャッキと機体の間に測定装置を挿入して測定する。この他、機体の 3 本の脚を各々の秤に乗せて測定する方法もある。重心位置は、これら 3 点の重量と基準線からの距離を求め、上述した方法で算定する。

このようにして求められた自重とその重心位置は、飛行機の使用期間中における修理・改造で変化するので、適切な期間ごとに測定・算定し直す必要がある。また、大きな重量変化を伴う修理・改造を行った場合には、その都度、これらを測定・算定し直さなければならない。

15・3　重心位置許容限界

耐空類別N類およびU類として飛行できる機種の飛行規程に記載された重心位置と重量の許容限界の例を図15.5に示し、重心位置の前方限界、後方限界について説明する。重心位置と重量の許容限界は、着陸装置下げの状態で決定される。なお、重量の限界については前節で既に説明したとおりであり、この例では最大離陸重量と最大着陸重量が一致し、最大重量となっている。

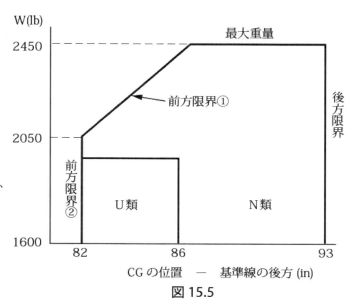

図 15.5

（1）前方限界

11・3節で述べたように、重心位置の前方限界は、着陸時における引き起こし能力によって決定される。この引き起こし能力による制限は、機体重量が増すほど操舵力が大きくなるので、着陸時における最大の重量である最大着陸重量（この例では最大重量）のとき最も厳しくなり、そのため重心位置の前方限界は基準線から最も後方になる。一方、機体重量が軽くなると、操舵力は小さくなるので、重心が最大着陸重量の前方限界より前に位置しても、着陸時における引き起こし能力は確保できる。すなわち、重量が小さくなるほど、重心位置の前方限界は前に移動する（この例では、前方限界①）。また、機体重量が重く、重心位置が前にあるほど、前脚にかかる荷重が大きくなるので、地上荷重の面からも上述と同じことが言える。次に、2,050lb以下では、前方限界が重量によらず一定の値（前方限界②）となっているが、これは、機体に搭載重量がある場合の構造上想定される重心の最前方位置を示している。

最大重量を超えている状態あるいは重心位置が前方限界を超えている状態では、大きな操舵力が必要となるので、着陸するとき、極端な場合にはフレアができなくなり、また接地時の衝撃によっては前脚を破損する可能性がある。このほか、失速速度も大きくなる。

（2）後方限界

重心位置の後方限界についても、11・3節で述べたように、最大離陸重量、離陸形態において静安定を得られるという安定性によって決定されるが、重心位置が後方へ移るほど、失速・スピンを起こす危険性が増すため、実際には、スピンからの回復が容易となるように、この限界値より1 in ほど前方に後方限界を定め、重量によらず一定の値としている。また、意図的にスピンを行うことができるU類として飛行する場合は、重心位置の後方限界を、N類として証明された許容限界値より数インチ前方（この例では、7 in 前方）に定めるのが普通である。（17・2節参照）

重心位置が許容範囲より後方にある場合は、失速・スピンからの回復が困難になり（特に、

機体重量が重くなると、慣性が大きいので、回復は一層困難になる)、また、操舵力が極めて小さくなるため、機体に過大な荷重をかける可能性がある。地上においては、前脚にかかる荷重が小さくなるので、走行中の方向維持が難しくなる。

　前脚が後方に格納されるタイプの機種では、着陸装置を上げると、重心位置は若干後方へ移動するので、後方限界を超えないように重心位置を調整する必要がある。

15・4　総重量と重心位置の算定

　自重と搭載重量から総重量およびその重心位置を求める方法は2節で述べた。その結果、重量や重心位置が許容限界を超えた場合は、機内で搭載重量を移動させるか、搭載重量を追加あるいは取り下ろすことにより限界内に納めなければならない。ここでは、これらの実際の計算を行ってみよう。

例1)　最大重量：3,400 lb、重心位置許容限界：78〜86 in の飛行機がある。この飛行機は自重 2,100 lb、重心位置 78.3 in で、これにアーム 85.0 in の前席に2人のパイロットが搭乗し、アーム 75.0 in に 75 US gal の燃料と、アーム 150 in に 80 lb の手荷物を搭載したときの総重量と重心位置 A を求める。

　　標準重量（設計単位重量）より、パイロット2人の重量は 340 lb、燃料重量は 450 lb（6 lb/US gal×75 US gal）であるから、2節で示した表は次のようになる。

	重量 [lb]	アーム [in]	モーメント [in-lb]
自重	2,100	78.3	164,430
乗員	340	85.0	28,900
燃料	450	75.0	33,750
荷物	80	150.0	12,000
合計	2,970	—	239,080
重心位置	A = (239,080/2,970) ≅ 80.5[in]		

　従って、総重量 2,970 lbs、重心位置（基準線の後方）80.5 in となり、重量および重心位置とも許容限界内にあることが分かる。

例2)　総重量 4,000 lbs、重心位置 STA 77.0 の飛行機で、50 lbs の搭載物を STA 30 の前方貨物室から STA 150 の後方貨物室へ移したときの新しい重心位置 A を求める。

	重量 [lb]	アーム [in]	モーメント [in-lb]
総重量	4,000	77.0	308,000
搭載物	−50	30.0	−1,500
搭載物	50	150.0	7,500
合計	4,000	—	314,000
重心位置	A = (314,000/4,000) = 78.5[in]		

新しい重心位置は STA 78.5 となる。

例3） 総重量 1,800 kg、重心位置 10 cm の飛行機に、200 kg の荷物を基準線の前方 50 cm の前方貨物室に追加搭載したとき、重心位置 L はどこに移動するかを求める。

	重量 [kg]	アーム [cm]	モーメント [cm-kg]
総重量	1,800	10.0	18,000
荷物	200	−50.0	−10,000
合計	2,000	—	8,000
重心位置	A = (8,000/2,000) = 4[cm]		

重心位置は 4 cm に移動する。

なお、搭載重量を取り下ろす場合は、例2）表の「搭載物」の欄のように、重量に（−）の符号をつけてモーメントを計算し、重量とモーメントをそれぞれ合計して重心位置を求めればよい。

例4） 総重量 8,000 lb、重心位置 84 in の飛行機で、その重心位置を 85 in に変更するためには、アーム 30 in の前方貨物室からアーム 130 in の後方貨物室へ、何ポンドの荷物を移動させればよいかを求める。

移動させる荷物の重量を W とする。

	重量 [lb]	アーム [in]	モーメント [in-lb]
総重量	8,000	84.0	672,000
荷物	−W	30.0	−30W
荷物	W	130.0	130W
合計	8,000	重心位置 85.0	672,000 + 100W
	$8,000 \times 85 = 672,000 + 100W$		∴ W = 80[lb]

移動させる荷物の重量は 80 lb である。

第16章　高速飛行

　空気中を飛行するとき、速度が音速 Speed of sound あるいは Sonic speed に近づくと、空気の圧縮性の影響が強くなり、機体の安定性や操縦性などの空力特性が著しく変化する。そして、速度が音速を超え、流れが超音速 Supersonic になると、今まで述べてきた亜音速の流れに比べ、その性質が全く変化する。

16・1　音速とマッハ数

　音は、空気中を伝わる振幅が極めて小さい圧力の変動であり、その伝わる速度が音速 a である。絶対温度 T の空気中では、a は次の式で表される。

$$a = \sqrt{\gamma g R T} \tag{16-1}$$

　ただし、γ は比熱比（空気の定圧比熱と定容比熱の比）、g は重力加速度、R は気体定数であり、いずれも一定値であるから、比例定数 $K = \sqrt{\gamma g R}$ とすれば、式(16-1)は次のように書き換えられる。

$$a = K\sqrt{T} \tag{16-2}$$

　単位として kt を用いて a を表す場合、K の値は、γ、g、R の値を代入すると 38.9 となるから、

$$a \cong 39\sqrt{T} \text{ [kt]}$$

　任意の絶対温度 T（摂氏温度 t）における音速を a、ある絶対温度 T_0（摂氏温度 t_0）における音速を a_0 とすると、式(16-2)より、次の式が成り立つ。

$$\frac{a}{a_0} = \frac{\sqrt{T}}{\sqrt{T_0}} \qquad \therefore a = a_0\sqrt{\frac{T}{T_0}} \tag{16-3}$$

　従って、0℃（273K）における音速は 331m/sec、15℃（288K）における音速は 340m/sec あるいは 661 kt であるから、

$$a = 331\sqrt{\frac{T}{273}} \text{ [m/sec]} = 340\sqrt{\frac{273+t}{288}} \text{ [m/sec]} = 661\sqrt{\frac{273+t}{288}} \text{ [kt]} \tag{16-4}$$

となる。
　また、遷音速（次節参照）機が飛行する温度範囲では、次の式で近似できる。

$$a = 331 + 0.6\, t \text{ [m/sec]}$$

　マッハ数 Mach number：M は流れのある点における速度を V、その点における音速を a とすると、次の式で表される。

$$M = \frac{V}{a} \tag{16-5}$$

　飛行速度として、音速を基準とする速度、すなわち飛行マッハ数で表す場合、(16-5) 式の V と a の代わりに、飛行高度における真対気速度 TAS、その高度の大気温度における音速 a を

とり、次の式で表される。

$$M = \frac{TAS}{a} \tag{16-6}$$

16・2　衝撃波

　飛行中の機体周り流れには、流速が飛行速度より大きくなる部分と小さくなる部分が存在する。従って、飛行マッハ数が音速に近づくと、機体周りの流れには、局所的に亜音速流れ（M<1）の領域と超音速流れ（M>1）の領域が混在することがあり、このような状態の流れを遷音速流れという。遷音速流れになると、図16.1のように飛行マッハ数が音速に達する前に、機体のいずれかの点での流速、例えば主翼上面のある点で流速が音速（M = 1）に達する。このときの飛行

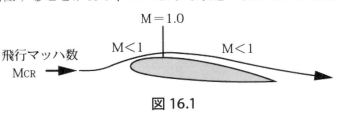

図 16.1

マッハ数を臨界マッハ数 Critical mach number といい、M_{CR} で表す。飛行速度が臨界マッハ数を超え、主翼上面の流れが超音速流れになれば、その流れは最終的には飛行マッハ数まで戻ることになるから、主翼のある位置で流速などの空気の状態量の不連続面を生じて亜音速流れとなる。この不連続面を衝撃波 Shock wave といい、この波面で流速は減少し、圧力・密度・温度は増加する。しかし、M_{CR} を僅かに超えた状態では、衝撃波は弱く、機体の空力特性に大きな影響を与えることはない。

　飛行マッハ数が M_{CR} を超え、さらに大きくなると、衝撃波が次第に強くなる。図 16.2 のように、衝撃波後面では静圧が急上昇するため、衝撃波前後面の境界層の厚みが増し、流れの剥

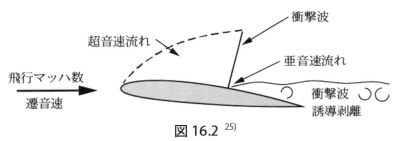

図 16.2 [25)]

離が生じる。このように、衝撃波が誘発する剥離を衝撃波誘導剥離あるいは圧縮性剥離といい、この気流の剥離と剥離流による機体の振動を高速バフェット High speed buffet という。

　マッハ数が M_{CR} をある程度上回ると、衝撃波誘導剥離によって抗力係数 C_D は急激に増大する現象が現れる。このときのマッハ数を抗力発散マッハ数 Drag Divergence Mach Number といい、M_{div} で表す。遷音速領域用に作られた機体では、抗力発散マッハ数以上の速度で飛行することは極めて非効率となるため、M_{div} が巡航速度の限界となる。図 16.3 は、揚力係数 C_L を一定に保ったとき、C_D のマッハ数に対する変化を示したものである。

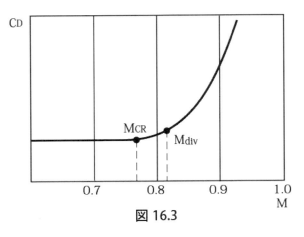

図 16.3

なお、この衝撃波の発生に伴って増加する抗力を造波抗力 Wave drag あるいは圧縮性抗力 Compressibility drag という。

16・3　飛行速度領域

前述したように音速は大気温度によって変化するので、同じ真対気速度で飛行していても大気温度によってマッハ数は異なるから、空気の圧縮性の影響も違ってくる。高速飛行あるいは高空を飛行するときには、真対気速度を音速との比較で表した飛行マッハ数を用いれば、空気の圧縮性の影響が認識しやすくなる。

飛行速度（飛行マッハ数）領域は、次のように区分される。
　（各領域に示されているマッハ数の数値は、機体の形状などによって臨界マッハ数が異なるので、おおよその値である）

　亜音速 Subsonic　　　　機体周りの流れはすべて亜音速であり、おおよそ M：0.75 未満である。
　遷音速 Transonic　　　　機体周りの流れは、局所的に亜音速流れと超音速流れが混在しており、おおよそ M：0.75～1.2 である。
　超音速 Supersonic　　　 機体回りの流れはすべて超音速であり、おおよそ M：1.2～5.0 である。
　極超音速 Hypersonic　　 機体回りの流れはすべて M：5.0 を超えている。

現用の大部分の民間ジェット機の巡航速度は遷音速領域にある。

16・4　後退翼

遷音速領域で飛行するとき、最も大きな問題は圧縮性の影響によって起きる様々な現象である。図 7.15 に示すように、翼に後退角 Λ を付けると、飛行速度 V に対して、翼の圧力分布および衝撃波の形成に関わるのは、翼の 1/4 翼弦線 c/4 に垂直方向の成分 $V\cos\Lambda$ のみで、翼端に向かうスパン方向の成分 $V\sin\Lambda$ は全く関わらないので、実際の流速 V より低速の気流のなかに置かれているかのような効果が表れ、圧縮性の影響の現出をより高速域まで遅らせることができる。従って、後退翼を用いると、衝撃波の発生をより大きな飛行マッハ数まで遅らせること、すなわち臨界マッハ数 M_{CR} を大きくすることができ、その結果、抗力発散マッハ数 M_{div} も大きくできる。

後退翼機では、低速から遷音速までの速度領域において十分な飛行性を確保するために様々な対策が必要となる。

第17章　飛行機の操縦

17・1　通常時の飛行

1．離陸

（1）地面効果の影響（8・6節、13・1節参照）

　　飛行機が地面に接近して飛行するとき、地面効果が飛行特性に影響を与えるので、離着陸はこれを考慮に入れて行う必要がある。飛行機が離陸する際、地面効果の影響により、誘導抗力は減少し、揚力は増加しているので、定められた離陸速度より小さい速度でも浮揚する。しかし、このような状態で上昇し、その影響がなくなる高さに達すると、揚力は減少するので上昇性能は悪くなり、抗力の増加によって速度は減少する。さらに機首上げモーメントが増加するので、これに対する適切な操作を行わないと、迎え角が大きくなって抗力は増大するから、速度はさらに減少する。この結果、速度がバックサイド領域に入って速度安定性や経路安定性も失われることになると、飛行機の操縦は非常に難しくなる。一方、減少した速度を回復しようとすれば、上昇性能はさらに悪化する。特に、機体重量が重い、滑走路地点の気圧高度が高い、あるいは外気温度が高いなどの場合には、状況は一層悪化する。従って、飛行規程などに定められた離陸速度を守って離陸を行わなければならない。以上述べたことは、接地間際に着陸復行したときにも当てはまる。

（2）離陸性能（13・3、7節参照）

　　ローテーション速度 V_R より大きい速度で機首上げを行うと機体が浮揚するまでの距離が伸びる。また、離陸滑走中は、加速力を確保するために機体は抗力 D が最小の姿勢となっていることが前提なので、V_R より小さい速度で機首上げした場合は D が増加し、加速度が減少して浮揚するまでの距離が伸びる。従って、いずれの場合も、離陸面上 50ft に達するまでの離陸距離は飛行規程などの離陸性能チャートで示される離陸距離より長くなる。

　　また、離陸後上昇に移ったら、必要パワー P_r を減らすため、規定に従ってできるだけ速やかに脚およびフラップを上げてクリーン形態にすべきである。

（3）プロペラ回転の影響（10・5節参照）

　　プロペラの回転後流による偏揺れモーメントやエンジントルクの反作用によって生じる地上滑走中の偏揺れモーメントを減らすための補正は、飛行機が巡航状態で均衡するように調整されている。一方、プロペラの回転後流の影響は低速でエンジン出力が大きいときに強く、またトルクの反作用の影響はエンジン出力が大きいときに強いので、離陸時、滑走路中心線を滑走するには補正量が不足し、右回転のプロペラであれば左偏揺れモーメントが上回るから、右へ方向舵を操舵してこれを抑えなければならない。また、機体が浮揚すると、エンジントルクの反作用の影響はなくなるもののプロペラの非対称荷重 P-Factor の影響が加わるため、この方向舵の操舵を継続しなければならない。

　　離陸浮揚後における単発機のプロペラの回転後流による横揺れモーメントとエンジントル

クの反作用による横揺れモーメントは、その方向が互いに逆方向のため打ち消し合うので、操縦への影響は小さい。

（4）横風があるときの離陸 Crosswind take-off

　　垂直尾翼や主翼の後退角などによる風見効果のため、機首が風上に向かおうとするので、風下側に方向舵角をとる必要があり、また主翼の上反角効果により風上側の主翼が持ち上げられるので、補助翼も風上側へ操舵しなければならない。この操舵の必要量は、速度が増加すると、舵面の効きが増し、また横風成分が相対的に小さくなるので、滑走速度が増加するにつれ減少する。離陸のための機首上げ操作はこの状態のままで行うので、機体にはバンク角が残り、風上側の主輪が最後に滑走路面から離れる。機体が浮揚したら、姿勢が不安定にならないように注意して方向舵角をゆっくり中立に戻しながらバンク角をなくしていくと、機体の方向安定によって機首は相対流の方向に向き、図 17.3(a) のようになる。こうして機体の地面に対する進行方向（以下、進行方向という）と滑走路中心線がほぼ一致した飛行状態となる。

　　この他、横風と同様の効果を与えるものとして滑走路面の横断面の傾斜がある。滑走路面には水はけをよくするために中心線から左右端に向けて傾斜がつけられているので、横風がなくても、両主脚が同じ側に外れると、機体重量の横方向の力が生じ、この効果が起きる。

2．旋回飛行

（1）旋回操作（12・3、6節および13・1、3、6節参照）

　　ここでは、一定の高度・飛行速度の円運動となる水平定常旋回を行うときの操作について説明する。

① 旋回の開始 Roll in 操作として、旋回方向に操縦桿を傾け、旋回方向側の方向舵ペダルを踏んで補助翼と方向舵を操舵すると、機体はその方向にバンク角をとり、旋回を始める。

　　補助翼を操舵すると逆偏揺れが生じるので、これを抑えるために旋回方向に方向舵を同時に操舵する。このとき、旋回計のボールは内滑りを示すので、ボールが中央になるように方向舵ペダルを踏み込めば、必要な方向舵角が得られ、釣り合い旋回となる。方向舵角が過大になると、釣り合い旋回から外れて機体は外滑りする。

② 所望のバンク角になったら、補助翼をほぼ中立位置に戻し、そのバンク角を維持すると同時に方向舵も中立位置近くまで戻す。

　　バンク角が確立した後、旋回外側の主翼の旋速は内側の主翼の旋速より大きいので、外側の主翼の揚力と抗力が内側の主翼より大きくなる。この旋速差の影響は旋回半径が小さいほど大きくなり、バンク角が大きいほど旋回半径は小さくなるので揚力差も大きくなり、バンク角は大きくなろうとするから、一般にバンク角 35°程度以上のときは、操縦桿を反対側に僅かに操舵し、いわゆる「当て舵」でこの傾向を抑える必要がある。また、補助翼は、ほぼ中立位置にあるので逆偏揺れはなくなるが、外側の主翼と内側の主翼の抗力差によってやや内滑りになるから、旋回方向に操舵された方向舵を少し残す必要がある。

③ このとき、高度が低くならないように、操縦桿を引いてピッチ角を増し、また飛行速度

が減らないように、エンジン出力を増加させる。

旋回中の力の釣り合いは図13.24のとおりであり、式(13-24)よりこのときに必要な揚力LとL水平直線飛行時に必要な揚力L'との関係は次の式で表される。

$$L = \frac{W}{\cos\varphi} > W = L' \tag{17-1}$$

従って、水平旋回中は、バンク角が大きいほど水平直線飛行時より大きい揚力が必要となるが、ここでは、飛行速度一定であり、翼面積は増加できないので、揚力を増加させるためには、揚力係数C_Lを増やすために迎え角を増加させるしかない。すなわち、機首上げしてピッチ角を大きくしなければならない。一方、この結果、抗力が増加するため、飛行速度を一定とするためには、エンジン出力を増加させねばならない。

④ 所望の方位Headingのやや手前から旋回の終了Roll out操作を始める。この操作は旋回開始操作とは逆で、旋回の反対方向に補助翼（および方向舵）を操舵し、同時に、高度と飛行速度が増えないように水平直線飛行のときのピッチ角とエンジン出力に戻す。

旋回の反対方向に補助翼を操舵するときも逆偏揺れが生じる。これを抑えるために旋回反対方向の方向舵を同時に操舵するか、あるいは所望の方位に対し十分な余裕を持って旋回終了操作を始める。また、バンク角の減少とともに高度を維持するために必要な揚力も減少するので、ピッチ角を徐々に減らし、これにより抗力も減少するのでエンジンの出力も減らして、バンク角がなくなったときには旋回のために増加させた量をなくす。

（2）旋回半径とバンク角、外滑り

式(13-29)より明らかなように、同じ速度ならばバンク角φが大きいほど旋回半径は小さくなるが、離陸直後や着陸進入のときなど低空を低速で飛行する場合は、あまりバンク角を大きくできない。このようなときに旋回半径を小さくする必要がある場合は、釣合い旋回に必要な方向舵角を超える舵角をとって機体を外滑りさせれば、旋回半径を小さくすることができる。ただし、外滑りさせるとバンク角が深くなる傾向があることに注意しなければならない。これは、機体が外滑りすると、旋回内側・外側主翼の相対速度差と上反角効果により、旋回外側の主翼の揚力が大きくなることによるものであり、バンク角を一定に保つために「当て舵」が必要になる。

（3）旋回中の飛行性能

図13.14に示すように、旋回を行っているとき、必要パワーP_rが最小になる速度および失速速度は、バンク角φが大きくなるほど大きくなる。従って、必要パワー最小速度に近い速度で直線水平飛行から旋回を始めると、バンク角によっては必要パワー最小速度を下回る結果、バックサイド領域に入って速度安定や飛行経路安定を損なう恐れがあること、および失速速度に近づくことに注意する必要がある。

3．定常的な横滑り飛行

図17.1(a)のように、飛行中に方向舵のみを右へ舵角を与えるように操舵すると、機体は左へ横滑りSide slipを始める。この状態は外滑りになるため、左右の主翼の相対速度差と上反

角効果により、左主翼の揚力が大きくなるので、縦軸回りに右横揺れモーメント L が生じて右バンク角が次第に大きくなる。図(b)のように、この右横揺れモーメントを打ち消すように補助翼を左に操舵すれば、定常的な横滑りをともなう直線飛行状態になる。この場合、図(c)のように、方向舵角を大きくし、それに応じて補助翼舵角も大きくすると、横滑り角は大きくなる。このとき、通常の旋回飛行時とは逆に、補助翼の操舵方向と反対側に方向舵を操舵している状態となるので、この操舵状態をクロスコントロール Cross-control condition という。このような飛行はあまり行われないが、横滑りを大きくすると、全機の抗力は増加し、また翼周りの流れの方向が翼に対して斜めになるため揚力は減少するので、降下時に降下角あるいは降下率を増加させたいときに用いられることがある。

なお、所定の針路と飛行方向を一致させた定常的な横滑り直線飛行を前滑り Forward slip、機体の縦軸を所定の針路と平行にした定常横滑り直線飛行を横滑り、と区別することもある。

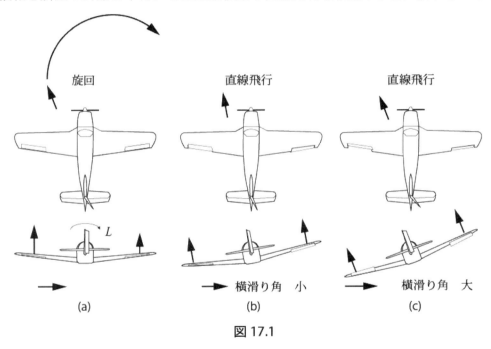

図 17.1

4. バックサイドオペレーション（13・1 節参照）

バックサイド領域における飛行では、気流の乱れによって飛行速度が所望の速度から変化したとき、その誤差が一層大きくなるから、利用パワーが速度に見合うように出力を頻繁に調整する必要があり、パイロットは、注意深く、速度のコントロールを行わなければならない。また、水平飛行しているときに高度が下がり、元の高度を維持しようとして、あるいは着陸進入しているときに降下角が増大し、元の適切な進入角を維持しようとして、操縦桿を引いても速度を高度に変換（このように運動エネルギーの速度と位置エネルギーの高度を互いに変換することを Energy trade という）することができないので、速度は減少し、高度も一層下がり、あるいは進入角より一層下側に向かってしまうという結果になる。このような状態では、まず速度の減少を止め、次に元の速度に戻し、さらに飛行経路の勾配を戻さねば

ならず、このために、かなり大きな出力あるいは推力が必要となる。

次に、着陸のときにバックサイド領域の速度でフレアを行うことを考えてみよう。大型ジェット輸送機のように、翼面荷重が大きく、揚力曲線の勾配が小さいという空力特性を持つ機体の場合、バックサイド領域の速度でフレアを開始し、迎え角を大きくすると急激に速度が減少し、降下率は増加する。このため、滑走路に対する通常のフレアの飛行経路にならなくなり、このとき出力あるいは推力を増加させないと、落着 Hard landing してしまうことがある。従って、うまくフレアするためには、その開始時に定められた着陸速度であることが重要になる。一方、直線翼の小型軽量機では、あまり問題にはならない。

5．進入・着陸

（1）進入速度

一般に地表面から500ft程度以下では、地表面摩擦の影響により、気流中の平板の表面に現れる境界層内の流速変化に似たような曲線（図4.6参照）で風速は高度の低下とともに小さくなる（経験では300〜200ftで明確になってくる）。この高度の変化に対する風速の変化の割合を風速勾配 Wind gradient といい、その大きさは、地形や建築物による地表面

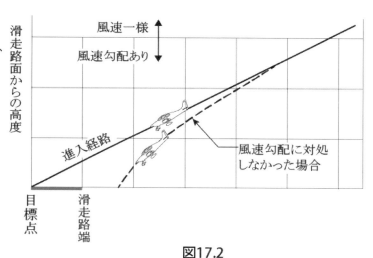

図17.2

の粗さなどによることが知られている。通常、離着陸は、その風向が向い風となるような滑走路で行われるから、着陸のため向い風で風速が一様の比較的高い高度から風速勾配がある高度へ進入・通過するとき、向い風成分は高度とともに減少するので、テールウインドシア（3節参照）のように極めて短時間ではないものの、同様に対気速度は減少していくため、対気速度を守っていると次第に降下角は増加していく。このときエンジン出力を増加させないと、図17.2のように接地目標点の手前に大きな降下角で接地することになる。実際の飛行では、滑走路近くの低高度でエンジン出力を増加させた後、フレアで出力を減少させる操作は繁雑になるので、通報された地上風の向い風成分の半分程度を定められた進入速度に上乗せして進入し、徐々に減速して高度50ft〜地上風の高さで定められた進入速度になるようにしている。一方、この前後から地面効果により空気力の変化が生じるので、この風速勾配と後述の地面効果はフレア操作に影響する重要な要因となる

なお、離陸上昇のときも同様に風速勾配の影響があり、この場合は、上昇とともに向い風成分が増えて行くので、対気速度は増大する。あるいは、対気速度を維持すれば、上昇角（上昇率）が増大する。

（2）着陸復行（10・4節および11・1、3節参照）

進入・着陸復行を行うときは、機首上げ操作を行うとともに、エンジン出力を増加させ上昇する。このとき、
① プロペラ後流の流速が増すため、進入時に比べ昇降舵の効きがよくなる。
② 進入中はフラップ下げになっていて、吹き下ろし角が大きい。この状態でプロペラ後流の流速が増すため、水平尾翼への吹き下ろしが強くなるので、機首上げモーメントが増加する。
③ 機首上げ姿勢によるプロペラの運動量変化の影響で機首上げモーメントが増加する。
④ 進入中は低速のため上げ舵角でトリム状態になっている。この状態で上昇中加速すると、機首上げモーメントが増加する。

　このように、機首上げモーメントを増加させる要因が多いので、機首上げ操作を行うときには、機首を上げ過ぎないように昇降舵を操舵しなければならない。また必要ならば、機首下げ方向にトリムをとるべきである。また、離陸の時と同様に、滑走路延長線上を飛行するために、右へ方向舵を操舵しなければならない。

(3) 地面効果の影響（8・6節、11・1節、13・1節参照）

　飛行機が着陸する際、誘導抗力の減少と揚力の増加は揚抗比を大きくすることになるので、機体の降下率が減少してなかなか接地しないフローティングの効果として表れ、フレア操作を失敗すると、降下率が減少するだけでなく上昇してしまうバルーニングという結果になり、所定の接地点を大きく越えて滑走路内で停止できなくなってしまいかねない。フローティングの傾向を減らすため、着陸進入の際、エンジンの出力を適量残した状態で進入速度を維持し、フレアのとき、抗力の減少に見合うようにスロットルをアイドルに絞って推力を減少させれば、僅かなフローティングでスムースに接地する。

　また、接地直前には、機首下げモーメントが生じ、これにフレアにともなう推力減少による機首下げモーメントの増加が加わるので、機首が下がろうとする。操縦桿を引いて、これを支えないと、前輪から接地させてしまう危険がある。

(4) 着陸接地時の操舵

　着陸時の接地の際、図14.2のように、地面からの反力Rは主脚に作用し、機体重量は重心に作用するので、主脚回りには機首下げモーメントが生じる。このため、機首は急速に下がる。前脚は主脚に比べ強度が小さいので、強い衝撃を伴う接地は好ましくない。そこで、主脚が接地した後、機首を支えるように昇降舵を機首上げ方向に保ち、前脚が緩やかに接地するように操舵する必要がある。ただし、この操作は適切なタイミングで行われないと、フローティングやバルーニングの原因になることがある。

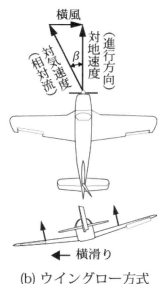

(a) クラブ方式　　　　　　　(b) ウイングロー方式

図 17.3

（5）横風があるときの最終進入・着陸 Crosswind landing （1節2、3項、10・4節参照）

　　定常的な横滑り飛行状態での着陸の方法について述べる。この方法は、図 17.3(b) のように、風上側に横風成分に見合う量のバンク角を与え、機体の縦軸を滑走路中心線と一致させて風上側に定常的な横滑り直線飛行をするというもので、ウイングロー方式 Wing-low method という。

　　横風がある場合、図(a)のように、方向舵、補助翼共に舵角がなければ、機首の向きは方向安定によって相対流の方向と一致する。横風があるときの進入では、抗力が少なく、機体の安定を損なうことがないので、このように飛行する。この方法をクラブ方式 Crab method といい、機体の縦軸と進行方向との間の角 θ をクラブ角 Crab angle という。

　　クラブ角を残したまま接地すると、主脚に横力がかかり構造上好ましくないことと、着陸滑走で機体の方向維持が難しくなることから、通常、最終進入の適当な高度で、ウイングロー方式に切り替える。まず、機首が風上側に向いているので風下側に向ける方向舵角をとると、機体の縦軸は滑走路中心線と平行になる。このとき、機体に横滑り角 β が生じるので、上反角効果によって風上側の主翼が上がろうとするから、補助翼を操舵すれば水平を保つことができるが、このままでは機体は風下側に平行移動してしまう。そこで、風上側にバンク角をとり、横力を生じさせて横風成分と釣り合わせれば、機体の縦軸と進行方向を滑走路中心線に一致させることができる。この状態のままでフレアを行うので、風上側の主脚から滑走路面に接地する。機体をウイングローにすると、バンク角によって必要な揚力が主翼水平のときより増加し、また横滑りにより発生する揚力は減少する。このため、横風がないときの進入速度と同じ進入速度であれば、迎え角を大きくしなければならならず、これに加えて補助翼と方向舵には舵角があるので、抗力は増加する。従って、横風がないときの進入に比べて必要な出力あるいは推力は増加する。クラブ方式からウイングロー方式に切り替える高度については、ウイングロー方式はクロスコントロールとなっているから機体の安定性を低

下させている状態なので、高い高度からウイングロー方式で飛行するのは好ましくないが、あまり滑走路に近い高度では切り替えに伴う操作とフレア操作が重なってしまい操縦が難しくなるので、これらを考慮して決めることになる。

　右からの横風の場合、ウイングローにすると、右横滑りになるので機首下げモーメントが生じるため、そのことに留意してフレアを行う必要がある。

　横風があるとき、接地後の着陸滑走では、横風成分によって機体に生じる横力により機体は風下側に流される。ウイングローのみで横風成分に対処しようとすると、この横力に釣り合わせる力は発生しない。このとき、クラブ角があれば、タイヤ・方向舵・エンジン推力により生じる反対方向の横力が発生し、機体が風下側に流されるのを抑えることができる。そこで、横風成分によるクラブ角 θ を半量程度減らし、その分を横滑り角 β で補う、いわゆる「半量補正」方式が考えられ、この方式ならば、クラブ角が残っているため接地時のバンク角も小さくできるので、風上側の翼などと路面との間隔を確保できるから、特に大型機で用いられることが多く、滑走路面が滑りやすいときに有効である。

　着陸滑走に移った後も、離陸滑走の時と同様に、風下側の方向舵角と風上側への補助翼の操舵は残す必要があり、操舵の必要量は、滑走速度が減少するにつれ増加する。

17・2　低速時の飛行

1．失速

（1）失速訓練（6・8節、13・1節参照）

　飛行訓練で失速を行うときの過程について説明する。エンジン出力を徐々に絞りながら、高度を一定に保つように機首を次第に上げて行くと、速度は徐々に下がり、バフェットが始まる。これが失速の兆候であり、このとき、あるいは失速警報が作動したときに引いている操縦桿を緩めると、機体は機首を下げて回復に向かう。このような失速をパーシャルストール Partial stall という。ここで回復操作を行わず、操縦桿を緩めずにいると、バフェットは次第に激しくなり、高度が低下し始め、機首は下がる。このときに回復操作を開始する場合、ノーマルストール Normal stall という。さらに操縦桿を引き続けていると、機体は完全に失速して機首がさらに下がり、高度は急速に低下する。このような失速をコンプリートストール Complete stall、あるいはフルストール Full stall という。

（2）失速からの回復

　回復操作 Stall recovery は、操縦桿を緩め、機首を下げればよい。その結果、迎え角が過大な状態は解消され、飛行速度は回復し、水平飛行に戻すことができる。けれども、特にノーマルストールやコンプリートストールになると、失速から水平飛行に回復するまでの高度損失が大きいので、機首が下がり、通常の降下姿勢になったらエンジン出力を許容される最大出力まで増加させて飛行速度の回復を早め、高度損失を少なくする。

なお、離着陸時のような低空における回復操作では、「迎え角の減少と飛行速度の回復」操作よりも、パワーを最大、かつ速度を失速速度より若干大きくして高度の損失を防ぐ操作を行わなければならないことがある。

（3）失速の種類
- セカンダリーストール

　失速からの回復操作を急ぎ過ぎて、飛行速度が十分に回復する前に水平飛行姿勢に戻そうとして機首上げ操作をすると、機体が再び失速することがある。この失速をセカンダリーストール Secondary stall という。

- クロスコントロールストール（13・6節、1節2、3項参照）

　クロスコントロールの状態で、機首上げ姿勢にしようとして操縦桿を大きく引くと生じるストールである。例えば、外滑り旋回しているときは「当て舵」が必要となるが、方向舵角が過剰であると機体は大きく外滑りしてバンク角が深くなり、「当て舵」では足らなくなる。これを補助翼で修正すると、旋回内側の補助翼は下げ舵、外側翼は上げ舵となり、クロスコントロールとなる。補助翼が下げ舵となっている旋回内側の主翼の揚力係数 C_L は大きくなり、このとき大きな機首上げ姿勢にすると、$C_{L\text{-}max}$ を超過して失速することがある。このストールは、ほとんど兆候なしに起き、強い横揺れによって背面飛行になったり、スピンに至ることもある。

- ヒップストール

　　　（ウィップストール Whip stall）

　図17.4のように、機体が非常に大きな機首上げ姿勢になった後、後戻りするようにして降下する運動となり、このとき気流は機体の後方から流入する。気流を後方から受けると、操縦舵面が壊れるおそれがあるので、曲技A類を除き、この飛行は禁止されている。

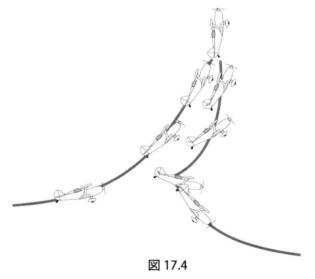

図 17.4

- ディープストール

　T型尾翼機では、失速を起こすような大きな迎え角をとったとき、水平尾翼が胴体や主翼から剥離した気流に覆われることがある。特にエンジンを胴体後部に取り付けた機体では、エンジンナセルの後流がこれに加わるので、昇降舵などが効かなくなり、大きな迎え角のままで急激に高度を低下させる状態になることがある。これをディープストール Deep stall あるいはロックインストール Lock-in stall と呼び、回復は極めて難しく、重心位置が後方にあると機首上げ傾向が強くなるので、この状態に陥りやすくなる。従って、機体を設計する際、このような状態に陥らないように、胴体、主翼、エンジン、水平尾翼を適切な位置関係になるよう配慮し、また様々な装備もなされている。

2. 自転（1節2項参照）

　12・4節で述べたように、迎え角が小さく、揚力係数が小さいときは、機体の横揺れ運動に対し減衰モーメントが作用するが、失速角あるいは失速角に近い状態で飛行中に横揺れ運動をすると、横揺れを増大させるモーメントが生じ、横揺れはかえって大きくなる。図17.5は、スピンのときの翼の揚力係数 C_L と抗力係数 C_D の状態を示したもので、自転の場合は、上がる翼の迎え角 α が失速角 α_s を超えているとは限らないが、いずれも上がる翼の C_L の方が、下がる翼の C_L より大きくなる点については同じである。横揺れによって下がる翼の迎え角は増加して失速角を超えているため、その C_L は上がる翼の C_L より小さくなっている。横揺れの角速度に対して、翼端に向かうほど回転半径が大きくなるので翼の下がる速度が大きくなるから、迎え角の増加は大きくなり、反対に、上がる方の翼の迎え角の減少は大きくなる。従って、図のような状況は翼端付近から始まり、翼根に広がっていくことになるから、横揺れモーメントは一層大きくなる。また、下がる翼の抗力係数 C_D は、上がる翼の C_D より大きくなるため、下がる翼側への偏揺れモーメントが生じ、機体は横滑りする。この横滑りのため、揚力は減少する。これらの要因によって、飛行機は自転 Autorotation と呼ばれる、垂直軸の回りをらせん状に降下する経路を描く運動を始める。このことから、失速特性の悪い翼型や翼端失速を起こしやすい平面形の翼を持つ飛行機は自転に陥りやすいことが分かる。

3. スピン（きりもみ）（12・3、4節、15・3節参照）

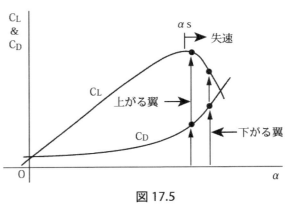

図 17.5

　自転がさらに悪化した状態になったり、失速したとき、主翼が失速角を超え、同時に機体が横滑りや偏揺れを起こすと、横揺れと偏揺れが合成した運動であるスピン Spin に入ることがある。失速を起こしたとき、機体の横滑り、気流の乱れ、翼の捩じれの量の違いなどが原因で、左右の主翼の失速の程度に違いが生じるため、片翼が下がり横揺れすることがある。このとき、機首は下がった翼の方向に向かい機体は偏揺れするので、失速からの回復操作を始める前に、この偏揺れモーメントが生じないように横揺れと反対側の方向舵を適量操舵すれば、主翼水平姿勢となりスピンは回避できるが、この偏揺れを放置すると、スピンに入る。

　失速からスピンに至る過程は次のようになる。

① 機体は偏揺れによって下がった翼方向に横滑りする。このとき、偏揺れによって上がった翼の相対速度が増し、揚力が大きくなるため、同方向の横揺れモーメントが生じる。また、上反角効果によって下がった翼の迎え角 α は大きくなるが、図17.5に示すように、失速角 α_s を超えているため C_L はかえって減少するので、同方向の横揺れモーメントが生じる。これらの横揺れモーメントのため、バンク角は増大し、横滑りは解消しない。

② 機体が横滑りしている間は、図 17.5 のように、上反角効果によって下がった翼の迎え角は大きくなるので C_D が増加するため、常に下がった翼の方向への偏揺れが生じる。そのため、機体はあるバンク角をもって回転軸の回りを旋転する。

③ 程度の差はあっても両翼とも失速しているため、大きな（40°程度以上）機首下げ姿勢となり、機体は降下する。この結果、機体は図 17.6 のように旋転しながら、らせん状に降下していく。

④ 旋転が続くと、図 17.7 に示すように、機体の前後軸に沿って分布する質量による遠心力のため機首上げ方向に慣性モーメントが生じるので、機体の姿勢は水平に近づくが、迎え角は非常に大きくなっている。このような状態となったスピンをフラットスピン Flat spin という。フラットスピンになると、回転率が増加し、横滑り角が非常に大きくなって垂直尾翼の迎え角が過大となるため、垂直尾翼は失速し、方向舵の効きも失われるので、スピンからの回復は極めて難しくなる。そのため、訓練でスピンを行う場合は、旋転数が制限される。単発機では重心位置が後方になっている場合、前方の重量物であるエンジンから後方の離れた位置に重量物が搭載されている状態であるから、旋転の遠心力による機首上げモーメントが大きくなり、フラットスピンになりやすい。

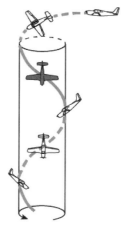

図 17.6 [16]

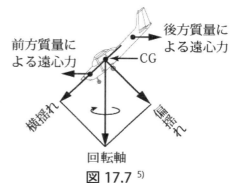

図 17.7 [5]

スピンからの回復は、飛行機製造者が飛行規程などに定めた手順に従って行わなければならないが、一般には次のような手順である。

① エンジン出力をアイドルまで絞る。

　エンジン出力最小にして機首上げモーメントを減らし、舵の効きを確保するとともにフラットスピンに移行するのを防ぐ。

② 補助翼は中立位置に保持する。

　補助翼を旋転方向に操舵すると、回転率が増加し、フラットスピンに近づく。一方、旋転と反対方向に操舵すると、下がった翼の補助翼が下げ舵角になるので、下がった翼の失速状態は悪化する。

③ 旋転方向と反対側の方向舵を最大舵角まで操舵する。同時に、昇降舵を中立位置より下げ舵に操舵し、機首を下げる。

　旋転を止め、過大な迎え角を減らし、機体を失速から回復させる。

④ 旋転が止まったら、方向舵を中立位置まで戻す。

　方向舵が中立位置にないと、速度が回復してきたとき、新たな偏揺れモーメントを生み、機体が横滑りする。

⑤ 慎重に機首を上げ、水平飛行姿勢に戻す。

機首を上げる際、昇降舵を急激・過大に操舵すると、セカンダリーストールに入り、再びスピンに陥る原因となり、また制限荷重を超える原因にもなる。

低高度でスピンに入ったときは、上記の回復操作を行う高度の余裕はないので、スピンに入る前の失速段階や自転の初期段階で機体を操縦できる状態に回復させなければならない。

17・3　悪環境における飛行

1．着氷（13・1節参照）

翼の着氷 Icing は、気温が約 0℃〜−40℃で、雲、降雨・降雪のなかを飛行しているときに発生し、翼の表面に着氷すると、バフェットや縦揺れ・横揺れモーメントの大きな変化などが生じることが多く、機体の空力性能や安定性が低下する。氷は翼の前縁部付近に付着しやすく、特にこの部分に着氷すると、翼型は変形し、翼弦全体にわたって流れの滑らかさが壊れるので、空力性能が大きく低下する。また、翼上面に霜が付着した場合も同様である。主翼に着氷が発生すると、図 17.8 に示すように揚力係数 C_L と最大揚力係数 $C_{L\text{-}max}$ は大きく低下し、失速角 α_s が小さくなり、また翼表面が粗くなるので、抗力は大きく増加し、加えて機体重量も増加する。これらの影響によって、失速速度は増大し、必要パワーも増大する。例えば、翼弦長 5m の翼型の前縁に厚さ 0.8mm の着氷があると、揚力は 25%減少し、抗力は 40%増大し、失速速度は 15%増大したというデータがある。従って、着氷の恐れがある気象状態では、通常より大きめの速度で飛行するとよい。

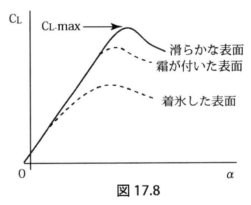

図 17.8

尾翼に着氷 Tailplane icing が生じると、機体の安定性を大きく損なうことがある。通常、機体は、水平尾翼に下向きの揚力が作用し、機首上げモーメントを発生することで釣り合い状態になっている。水平尾翼に着氷が生じて負の失速角が零揚力角の方向に移っている（図 6.10 参照）ときに、フラップ角の増加などで吹き下ろし角が大きくなると、迎え角が負の方向に大きくなるので負の失速角を越えてしまい、水平尾翼の下面に剥離が生じて失速 Tailplane Stall することがある。こうなると、機首上げモーメントが失われるから機体は大きな機首下げ姿勢になるが、昇降舵を操舵しても、その効きは水平尾翼が失速しているため失われるので、姿勢を戻すことはできない。また主翼が失速した場合とは異なり、エンジン出力を増加させたり、速度を増加させると、吹き下ろし角が増加するので、この状態は一層悪化する。従って、このような状況になったら、失速する前のフラップ角およびそれに対応する適切な速度に戻した後、エンジン出力を調整しながら機首下げ姿勢を修正することが唯一の有効な回復操作となる。

2．ウインドシア

ウインドシア Wind shear は、地表に対する水平面あるいは垂直面における風向・風速の

突然で急激な変化であり、積乱雲、前線、気温逆転層、地形や構造物と風速の関係などにより発生する。強いものでは、180°の風向変化、50kt の風速変化が観測されたことがある。定常風や徐々に変化する風は、飛行中の航空機に対して、その対地速度と偏流に影響を与えるだけであるが、ウインドシアに遭遇すると、暫くの間、対気速度は変化し、増加あるいは減少する。これは、次のように考えられる。航空機は比較的大きな運動量を持っているので、その地球に対する慣性速度（対地速度）は風向・風速が変化してもすぐに変化するわけではなく、暫くの間、一定を保とうとする。従って、向い風 Head wind 成分が減少、あるいは追い風 Tail wind 成分が増加するウインドシア（テールウインドシア Tail wind shear という）を通過すると空気に対する速度（対気速度）が減少するが、シアの後の風が一定ならば、対地速度は徐々に増加して対気速度は元の値に戻る。反対に、向い風成分が増加、あるいは追い風成分が減少するウインドシア（ヘッドウインドシア Head wind shear という）を通過すると対気速度が増加するが、シアの後の風が一定ならば、対地速度は徐々に減少して対気速度は元の値に戻る。

　ウインドシアは高度によらず発生するが、離着陸するときに大きな障害となるので、低高度におけるウインドシア（低層ウインドシア Low-level wind shear）について説明する。離陸後の上昇中、あるいは図 17.9 のように着陸のための進入中にテールウインドシアに遭遇し、向い風成分が減少したときは、対気速度は減少するため、機首下げモーメントが生じ、また揚力が減少するので、機体は、それまでの上昇経路あるいは進入経路から下方に向かい高度を失う。

　ヘッドウインドシアに遭遇したときは、テールウインドシアとは反対に、図 17.10 のように、上昇経路あるいは進入経路から上方に向かい

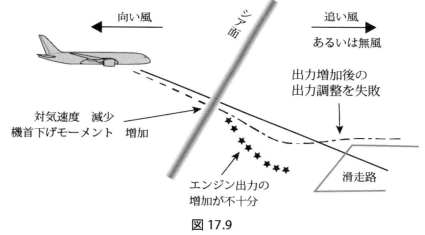

図 17.9

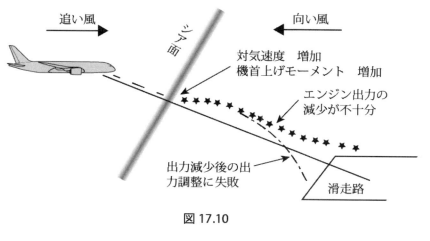

図 17.10

高度は増加する。このようにして所定の上昇経路あるいは進入経路からはずれたとき、元に戻すのにはエンジン出力の調整が第一義の手段であるが、離陸上昇中はエンジン出力を増加させる余地がほとんどないので、テールウインドシアに遭遇すると予測されるときは、離陸滑走路長に余裕があれば、所定の離陸速度に余裕分を加えた速度で離陸し、ウインドシアを通過する直前までその速度を維持すれば、ウインドシアによる影響を低減できる。テールウインドシアに遭遇したときは、まず定格の最大出力がでていることを確認し、機速が50ft速度以上であれば、50ft速度に減らし、上回った速度を高度に変換（Energy trade）して上昇率を確保すべきである。着陸進入のときは、対気速度が減少したら、ただちにエンジン出力を増加させ、機首を上げて所定の進入経路に戻さなければならない。しかし、対気速度が元に戻り、進入経路にのったら、シア通過後は追い風成分が大きくなっているので、所定の進入経路を維持するために必要なエンジン出力は小さくなっているから、通過前の出力より小さい出力まで戻さないと通常より接地点が遠くなる（図17.9参照）。また、所定の着陸速度より大きい速度でシアを通過すれば、離陸上昇時と同様の効果があるが、あまり大きな速度にすると速度を処理しきれず、やはり通常より接地点が遠くなる。離陸上昇のときにヘッドウインドシアに遭遇したときは、対気速度の急増が問題となる。一方、着陸進入中にヘッドウインドシアに遭遇したときは、エンジン出力を減少させて機体を所定の進入経路と着陸速度に戻さないと、通常より接地点が遠くなる。しかし、その後所定の進入経路と速度に戻ったら、これらを維持するために必要な出力まで増加させないと、機体は所定の進入経路から下方に向かい高度を失うことになる（図17.10参照）。

積乱雲に伴う強い下降気流をダウンバーストDown burstという。このなかを着陸進入する場合、図17.11のように、ダウンバーストに入る直前には、ヘッドウインドシアのため所定の進入経路の上に押し上げられるが、その後ダウンバーストの

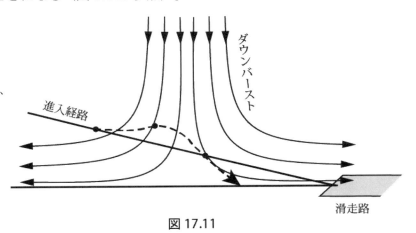

図17.11

中心付近に来ると、機体の迎え角を減少させる下降気流のために押し下げられ、中心を通過した後は、テールウインドシアにより一層減速し、機体は所定の進入経路より下方に押し下げられる。このように低高度でダウンバーストに遭遇すると、危険な状況に陥る可能性がある。ウインドシアやダウンバーストが予想される気象条件下での離着陸の実施は、上記を考慮して慎重に検討されるべきである。

3．滑りやすい滑走路面（13・7、8節参照）

地上滑走している飛行機のタイヤには、ブレーキをかけたときのみならず、離陸滑走中のように自由回転しているときにも摩擦力が働く。これを転がり摩擦といい、このときの摩擦力は、タイヤと路面との摩擦力や車輪ベアリングの摩擦力などから成るが、ブレーキをかけたときの摩擦力に比べ極めて小さい。ブレーキをかけたときの摩擦係数：制動摩擦係数 μ は、車輪に加えられたブレーキ量の関数であり、タイヤのすり減り具合や滑走路面の状態などによって変化する。ブレーキ量は、タイヤと滑走路面との間のスリップの百分率で表され、0％はブレーキ量が 0 で車輪は自由に回転している状態、100％は車輪が全く回転していない状態を表している。滑走路面の状態が μ に与える影響を図 17.12 に示す。トレッドがすり減ったタイヤは、μ が小さく、またハイドロプレーニング状態になりやすい。

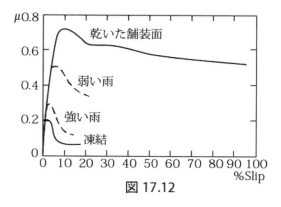

図 17.12

　ハイドロプレーニング Hydroplaning は、雨で滑走路面が濡れた時に発生することがあり、車輪のタイヤと地面の間に水や水蒸気の層ができることによって、タイヤと滑走路表面が接触しなくなる現象である。その結果、地面との摩擦力が減少するので、車輪ブレーキによる減速力が著しく減少し、同時に進行方向の制御も困難になる。ハイドロプレーニングは発生原因によっていくつかに分類されるが、滑走路面が雨などによって水で覆われているときに発生するのが、ダイナミックハイドロプレーニング Dynamic hydroplaning である。ダイナミックハイドロプレーニングは、対地速度がある値以上になると起きることが知られており、その値を P をタイヤの空気圧 [psi] とすると、おおよそ

$$V [\text{kt}] = 9\sqrt{P[\text{psi}]} \tag{17-2}$$

である。いったんダイナミックハイドロプレーニング状態になると、上式の速度より低速になっても、この状態から脱出できない。

4．ウェイクタービュランス（7・3、5 節参照）

　主翼が揚力を発生しているときは、図 7.7 のように、翼端および後縁全体から渦が生じており、これらの渦は、飛行機から、その翼幅の 2～4 倍ほど後方で一対の渦流としてまとまる。ウェイクタービュランス Wake turbulence は、この渦流によって航空機の後方に生じる乱気流のことで、後方乱気流とも呼ばれる。渦の強さは、重量が重いほど、また速度が小さいほど強くなり、主翼の形状やフラップ角によっても変化するから、これらの要素はウェイクタービュランスの強さにも同じ影響を与える。すなわち、ウェイクタービュランスは、それを発生する飛行機の重量が重く、フラップ角が小さく、低速のときに強くなる。

　ウェイクタービュランスのなかでは、回転モーメントを伴う渦があるので、特に小型機が大型機によって発生したウェイクタービュランスの中心に近づくと、図 17.13 のように、機体は大きく横揺れする。このため極端な場合、横揺れと反対方向に補助翼を最大に操舵しても姿勢は戻らず、完全に回転してしまうことがある。また、一対の渦流の間は、強い吹き下

しがあるから、ここに入ると急激に高度を失うので、地表近くで、このような状況になるのは非常に危険である。特に小型機が大型機の後方で離着陸を行うときは、地表付近では渦流は弱いので、離陸機の場合、ウェイクタービュランスはローテーション地点付近から発生し、着陸機の場合は、接地点を過ぎるとほぼ消滅することを考慮して離着陸点を決めるとよい。

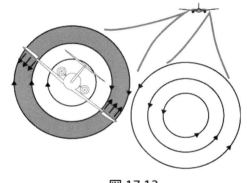

図 17.13

17・4　緊急時の飛行

1．片側エンジン不作動時（多発機）の飛行（12・1、3節、13・3節参照）

（1）片側エンジン不作動時の操舵

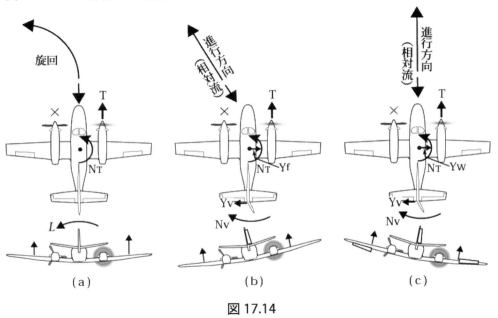

図 17.14

多発機では片側エンジンが不作動になると、例えば左エンジンの不作動の場合、図 17.14(a)のように機体は非対称推力によって左（不作動エンジン側）への偏揺れモーメント N_T が生じ、左右主翼の相対速度差により横揺れモーメント L が生じて、右主翼（作動エンジン側）が上がる。この状態を続けると、バンク角は次第に大きくなり、失速あるいはスピンに至るので、図(b)のように右（作動エンジン側）へ方向舵を操舵し、非対称推力による左偏揺れモーメントを打ち消すように右偏揺れモーメントを生じさせて旋回を止める必要がある。注意しなければならないのは、このとき、垂直軸回りのモーメントは釣り合って偏揺れモーメントはなくなるものの、垂直尾翼と方向舵に生じた左向きの空気力の横方向成分 Y_v によって、機体に働く横力は不均衡となっていることである。この横力によって、機体は左（不作動エンジン側）へ横滑りし、この状態になると相対風によって胴体に働く空気力の横方向成分 Y_f と Y_v が釣り合うので、定常的に左（不作動エンジン側）に横滑りしながら直線飛行をする。このと

き、通常、機体は上反角効果をもっているから、横滑りにより左主翼が上がろうとするので、バンク角を零にするには、右補助翼を僅かに下げ舵にするよう補助翼を操舵する必要がある。

次に、この状態から、方向舵の右舵角を小さくしながら右（作動エンジン側）へのバンク角を大きくしていくと、横滑り角は次第に小さくなり、図(c)のように横滑り角はなくなって機首の方向（機体の縦軸）が飛行方向と一致する飛行状態になる。このとき、垂直尾翼と方向舵に生じた左向きの横力 Y_v は、機体重量の横軸方向の成分 Y_w と釣り合っている。気流は機体の正面から流入するので、垂直尾翼の迎え角は大きくなるため方向舵角は小さくて済むから、低速まで飛行機の操縦が可能になり、全機の抗力も減少する。すなわち、最小操縦速度 V_{MC} を小さくすることができ、上昇性能もよくなる。特に、離陸中に片側エンジン不作動になったときは、大迎え角での大きな横滑りは操縦を難しくすることもあり、このように飛行機を操縦する。ただし、バンク角を大きくするほど方向舵角は小さくて済むが、ある程度以上になると、作動エンジン側への横滑りが大きくなり、垂直尾翼の失速に至ることがある。

方向舵のトリムをとるとき、離陸・上昇時のように大きなエンジン出力で低速状態では偏揺れモーメントに対する方向舵角が大きくなるので、トリム量も大きくなる。このとき完全なトリム状態になるまでトリムをとってしまうと、その後水平飛行に移ったときはエンジン出力を減少させるので偏揺れモーメントも減少するため、トリム量が過剰になる。このような状態になると、不作動エンジンがどちら側なのかという認識を誤ることがある。従って、トリム量は水平飛行時に必要な量にし、残りはラダーペダルを使って足で支える方がよい。

最小操縦速度 V_{MC} 未満の速度で片側エンジンが不作動になったとき、推力の不均衡が大きいと、方向の操縦が不可能になることがある。このとき、方向の操縦を回復するために、作動エンジンの出力を減らす、あるいは降下して速度を増し、V_{MC} 以上の速度にするという方法があるが、障害物や地表面との間隔が小さい状態では、この方法はとれない。従って、多発機の飛行においては、常に V_{MC} に留意しなければならない。

（２）離陸性能

1エンジン不作動で離陸を中止する場合、プロペラのリバースピッチあるいはスラストリバーサーを使用すれば加速停止距離は短くなるが、非対称推力（後ろ向き）が大きくなり、機体の方向の制御が難しくなるので、その使用については慎重に判断しなければならない。

また、特に小型双発機では、片側エンジンが不作動となったときは、余剰パワーは著しく減少するため、浮揚時の加速・上昇性能は大きく低下し、加速継続距離は他の距離に比べると非常に長くなる。ある双発機の例では、最大離陸重量5,500lb、無風の条件で、標準海面高度において、離陸距離1,400ft、加速停止距離3,000ft、加速継続距離3,200ftとなる。これに対して、気温30℃、標高6,000ftにおいては、離陸距離2,700ft、加速停止距離4,700ft、加速継続距離8,200ftとなる。従って、使用滑走路に十分な余裕がある場合や重量が重く、密度高度が高い環境で離陸する場合は、エンジン故障が発生したときの速度が V_R を超えていても離陸を継続するか否かは慎重に判断すべきである。

航空で用いられている標準大気（US標準大気 1976）

標準海面　　大気温度（絶対温度）T_0：288.2K
　　　　　　大気圧 P_0：2116.2 lb/ft^2　　空気密度 ρ_0：2377×10^{-6} lb sec^2/ft^4

h [ft]	t [°C]	T/T_0	P [in Hg]	δ P/P_0	σ ρ/ρ_0	音速 a [kt]
0	15.0	1.0000	29.92	1.0000	1.0000	661
1,000	13.0	0.9931	28.86	0.9644	0.9711	659
2,000	11.0	0.9826	27.82	0.9298	0.9428	657
3,000	9.1	0.9794	26.82	0.8962	0.9151	655
4,000	7.1	0.9725	25.84	0.8637	0.8881	653
5,000	5.1	0.9656	24.90	0.8320	0.8617	650
6,000	3.1	0.9587	23.98	0.8014	0.8359	648
7,000	1.1	0.9519	23.09	0.7716	0.8106	646
8,000	−0.8	0.9450	22.22	0.7428	0.7860	643
9,000	−2.8	0.9381	21.39	0.7148	0.7620	641
10,000	−4.8	0.9312	20.58	0.6877	0.7385	639
11,000	−6.8	0.9244	19.79	0.6614	0.7156	635
12,000	−8.8	0.9175	19.03	0.6360	0.6932	633
13,000	−10.8	0.9106	18.29	0.6113	0.6713	631
14,000	−12.7	0.9037	17.58	0.5875	0.6500	628
15,000	−14.7	0.8969	16.89	0.5643	0.6292	627
20,000	−24.6	0.8625	13.75	0.4595	0.5328	615
25,000	−34.5	0.8281	11.10	0.3711	0.4481	602
30,000	−44.4	0.7937	8.885	0.2970	0.3741	589
35,000	−54.3	0.7594	7.041	0.2353	0.3099	577
36,089	−56.5	0.7519	6.683	0.2234	0.2971	574
40,000	−56.5	0.7519	5.538	0.1851	0.2462	574

備考：対流圏界面の高度は、36.089ft である。

　　　気温勾配は、対流圏界面まではほぼ−2°C/1000ft である。

索　引

1

- 1/4 翼弦線 ... 39
- 1g 当りの操舵力 ... 92

2

- 2 次元翼 ... 25
- 2 次操縦系統 ... 73
- 2 重あるいは 3 重隙間フラップ ... 58

5

- 50ft 速度 ... 129

B

- BSFC ... 66

N

- NACA 系翼型 ... 35

T

- T 型尾翼 ... 101

V

- V‐n 線図 ... 144

あ

- アーム ... 2
- アイドル ... 72
- アイドルカットオフ ... 72
- アイドル出力 ... 72
- 亜音速 ... 157
- アスペクト比 ... 40
- 圧縮性 ... 10
- 圧縮性流体 ... 10
- 圧力 ... 26
- 圧力エネルギー ... 3
- 圧力係数 ... 14
- 圧力抗力 ... 30
- 圧力中心 ... 26
- 圧力分布 ... 26
- 当て舵 ... 106
- アドバースヨー ... 106
- 安全率 ... 139
- アンチバランスタブ ... 79
- 安定性 ... 73

い

- 位置エネルギー ... 3
- 位置誤差 ... 20
- インターナルシールバランス ... 78
- インデックスユニット ... 150

う

- ウィングレット ... 45
- ウイングロー ... 165
- ウインドシア ... 170
- ウェイクタービュランス ... 41, 173
- 内滑り旋回 ... 128
- 運動エネルギー ... 3
- 運動荷重 ... 139
- 運動性 ... 73
- 運動包囲線図 ... 141
- 運動量 ... 1
- 運用限界（エンジンの） ... 68
- 運用限界（構造強度の） ... 139

え

- エアブレーキ ... 63
- エネルギー ... 3
- エルロンリバーサル ... 107
- エンジン ... 65
- エンジントルクの反作用 ... 82
- エンジンナセル ... 51
- 遠心力 ... 4

お

- 応答 ... 73
- オージー翼 ... 40
- 音速 ... 155
- 温度高度 ... 9

か

- 回転後流 ... 82
- 回転数 ... 66
- 返し操作 ... 134
- 過給機 ... 67
- 風見安定 ... 95
- 舵固定の静安定 ... 76
- 舵自由の静安定 ... 76
- 舵の重さ ... 73
- 舵の効き ... 73
- 荷重倍数 ... 112
- 加速継続距離 ... 133

加速停止距離	133	クラブ方式	165
加速度	1	クルーガーフラップ	59
片側エンジンが不作動時の最良上昇角速度	120	クロスコントロール	162
片側エンジン不作動時の実用上昇限度	118	クロスコントロールストール	167
片側エンジン不作動時の飛行	174		
偏揺れ	74		

け

偏揺れ角	74	
偏揺れモーメント	74	軽航空機 ... 11
偏揺れモーメント係数	95	形状抗力 ... 30
滑空角	123	ケルヴィンの循環定理 ... 29
滑空性能	124	減衰力 ... 75
滑空比	124	
滑空飛行	123	

こ

可動式水平尾翼 ... 91	
下反角 ... 103	後縁 ... 25
可変ピッチプロペラ ... 71	後縁フラップ ... 57
渦流発生装置 ... 49	降下角 ... 123
干渉抗力 ... 53	降下勾配 ... 124
慣性荷重 ... 140	降下飛行 ... 123
慣性荷重倍数 ... 140	降下率 ... 124
完全ガス ... 7	航空機 ... 11
	高抗力装置 ... 61
	向心力 ... 4

き

較正対気速度 ... 20
構造抗力 ... 51
ギアタブ ... 79
構造上の巡航最大速度 ... 145
気圧高度 ... 9
航続距離 ... 121
気圧高度計 ... 9
航続係数 ... 121
幾何的捩り下げ ... 48
航続時間 ... 121
幾何平均翼弦 ... 39
高速バフェット ... 32
基準軸 ... 74
航続率 ... 121
基準線 ... 148
後退角 ... 39
岐点 ... 14
後退翼 ... 40, 157
逆圧力勾配 ... 17
後方限界 ... 151
逆偏揺れ ... 106
高揚力装置 ... 56
キャンバー ... 25
後流 ... 18
吸気圧力 ... 66
抗力 ... 26
境界層 ... 16
抗力曲線 ... 30
境界層制御装置 ... 60
抗力係数 ... 27
境界層フェンス ... 50
抗力バケット ... 36
曲技　A類 ... 12
国際標準大気 ... 7
極曲線 ... 31
極超音速 ... 157
きりもみ ... 168
固定タブ ... 81
機力操縦装置 ... 79
固定ピッチプロペラ ... 71
混合比 ... 66

く

コントロールタブ ... 79
コンプリートストール ... 166
空気力 ... 26
空力的捩り下げ ... 49

さ

空力中心 ... 36
空力バランス ... 77
矩形翼 ... 40
サーボタブ ... 79
クッタ・ジューコフスキーの定理 ... 29
最小抗力速度 ... 110
グラウンドスポイラー ... 62
最小操縦速度 ... 99, 145
クラブ角 ... 165
最小定常飛行速度 ... 111

索　引

最大運用運動速度 145
最大運用限界速度 145
最大キャンバー 26
最大推奨巡航出力 68
最大水平飛行速度 114
最大零燃料重量 148
最大着陸重量 148
最大突風に対する設計速度 143
最大揚力係数 30
最大翼厚 25
最大ランプ重量 148
最大離陸重量 147
最大連続出力 68
最良経済混合比 67
最良出力混合比 67
最良上昇角速度 117
最良上昇率速度 117, 120
先細比 39
差動補助翼 106
参照着陸進入速度 134

し

仕事 2
仕事率 3
指示対気速度 20
指示パワー 65
指示平均有効圧力 65
自重 147
失速 32, 166
失速角 30
失速警報装置 114
失速速度 112
実用　U 類 12
実用上昇限度 118
自転 168
地面効果 54
地面反力荷重倍数 140
ジャイロ効果 82
シャンク 68
縦横比 40
終極荷重 139
重航空機 11
重心位置 93
重心位置の後方限界 94
重心位置の算定 149
重心位置の前方限界 93
重心位置の表示 148
重力 4
重力単位系 4
主操縦系統 73
主翼 51
順圧力勾配 18
循環 28

巡航上昇速度 117
巡航飛行性能 121
衝撃波 156
昇降舵 74
上昇角 116
上昇飛行 116
上昇率 116
状態方程式 7
上反角 103
上反角効果 102
正味馬力 66
正味パワー 66
真高度 10
真対気速度 20
進入・着陸 134
進入・着陸性能 134
進入角 134
進入速度 134

す

推進装置 65
垂直軸 74
垂直突風速度 144
垂直尾翼 95
垂直尾翼容積比 96
垂直力 84
水平直線飛行 109
水平定常釣り合い旋回 126
水平尾翼 85
水平尾翼容積比 87
推力 69
推力軸 83
推力線 88
推力パワー 69
隙間フラップ 57
スケール効果 16
スタビレーター 91
ストールストリップ 49
スパン 39
スピードブレーキ 62
スピン 168
スプリングタブ 79
滑りやすい滑走路面 172
スポイラー 62
スラストリバーサー 62
スラット 49, 58
スロット 49, 58
スロットルレバー 72

せ

静圧 14
静圧孔 14

静安定	75	層流翼型	35
制限運動荷重倍数	140	層流底層	17
制限荷重	139	ソートゥース	49
成層圏	7	速度	1
制動馬力	66	速度安定	115
制動力	69	速度勾配	17
セカンダリーストール	167	束縛渦	42
設計運動速度	142	外滑り旋回	128
設計急降下速度	142	損失パワー	66
設計巡航速度	142		
設計零燃料重量	141	**た**	
設計速度	142	タービン飛行機	11
設計単位重量	147	対気速度	19
設計着陸重量	140	対気速度計	19
設計フラップ下げ速度	143	対気速度計の標識	146
設計離陸重量	140	対気速度の運用限界	145
絶対上昇限度	118	対気速度補正	21
接地点における対気速度	136	滞空時間	121
摂動	82	耐空性審査要領	11
零揚力角	30	滞空率	122
全圧	14	耐空類別	11
遷移	15	対称翼型	25
前縁	25	対地速度	19, 136
前縁ディバイス	57	対流圏	7
前縁バランス	77	対流圏界面	7
前縁半径	26	ダウンバースト	172
前縁フラップ	59	楕円翼	40
遷音速	157	舵感	93
旋回角速度	127	ダッチロール	105
旋回計	128	縦安定	74
旋回操作	160	縦軸	74
旋回半径	127	縦の静安定	85
旋回飛行	126	縦の操縦	90
旋回率	127	縦の動安定	89
前進角（翼の）	39	縦揺れ	74
前進角（プロペラの）	69	縦揺れ角	74
前進翼	40	縦揺れモーメント	36, 74
前進率	70	縦揺れモーメント係数	36
せん断応力	26	タブ	78
全備重量	147	舵面フラッター	142
前方限界	151	単位パワー当りの燃料消費率	121
		短周期モード	89
そ		単純フラップ	57
操縦	73		
操縦舵面	74	**ち**	
操縦性	73	力	1
総重量	147	地上（着陸）滑走距離	135
操縦力	77	地上（離陸）滑走距離	130
操舵力対速度曲線	92	地上荷重	139
操舵力	77	地上滑走	130
造波抗力	157	着氷	170
層流	15	着陸距離	135
層流境界層	17		

索　引

着陸空中距離 135
着陸装置 51
着陸装置下げ速度 61
着陸装置操作速度 61
着陸復行 134, 163
超音速 157
超過禁止速度 145
長周期モード 89
長短比 52

つ

釣り合い旋回 126

て

ディープストール 167
定格 67
定常的な横滑り飛行 101, 161
定常飛行 109
定常流 13
低層ウインドシア 171
定速プロペラ 71
テーパー翼 40
テーパー比 39
テールウインドシア 171
デルタ翼 40

と

動圧 14
動安定 75
等価対気速度 21
搭載重量 147
等速円運動 4
胴体 51
ドーサルフィン 97
突風荷重 143
突風荷重倍数 143
突風軽減係数 143
突風包囲線図 144
取付角 39
トリム状態 80
トリム速度 80
トリムタブ 80
トリムノブ 80
トリムホイール 80
トルク 2
ドループノーズ 59

に

ニュートンの第1法則 1
ニュートンの第2法則 1

ね

粘性 10
粘性係数 10
粘性底層 17
粘性流体 10

の

ノーマルストール 166

は

パーシャルストール 166
排気駆動式過給機 67
ハイドロプレーニング 173
剥離 17
剥離点 17
バックサイド 114
バックサイドオペレーション 162
発散 75
ハブ 68
バフェット 32
パラサイトパワー 109
バランスタブ 79
馬力 3
バルーニング 164
パワー 3
パワーオフ 113
パワーオン 113

ひ

非圧縮性流体 10
ピーファクター 83
引き起こし 128
飛行荷重 139
飛行機 11
飛行機効率 52
飛行経路安定 115
飛行船 11
比航続距離 121
比航続時間 122
ピストン 65
ピストン飛行機 11
非対称推力 97
ピッチ 71
ピッチ角 69
ヒップストール 167
必要推力 109
必要パワー 109
非定常飛行 109
ピトー管 19
ピトー静圧系統 19

標準大気 7
尾翼 51
開きフラップ 57
ヒンジ 76
ヒンジモーメント 76

ふ

ファウラーフラップ 58
フィレット 53
風圧中心 26
風圧分布 26
風車状態 71
風速勾配 163
フェアリング 53
フェザリングプロペラ 71
不可逆式 80
吹き上げ 42
吹き下し 42
フゴイドモード 89
普通　N 類 12
フライトスポイラー 107
フラッター 142
フラッター速度 142
フラットスピン 169
フラップ 57
フラップ角 57
フラップ下げ速度 60
フラップ操作速度 60
フリーズ型補助翼 78, 106
フレア 134
ブレード角 69
フローティング 164
プロップレバー 72
プロペラ効率 70
プロペラ後流 81
プロペラの非対称荷重 82

へ

平均キャンバーライン 25
平均空力翼弦 40
平均線 25
平面形 39
ヘッドウインドシア 171
ベベル後縁 78
ベルヌーイの式 14
ベンチュリ管 13
ベントラルフィン 97

ほ

方向安定 74
方向舵 74

方向と横の動安定 104
方向の静安定 95
方向の操縦 98
方向不安定 104
ポーポイズ 89
ホーンバランス 77
補助翼 74
補助翼の逆効き 107
ボルテックスジェネレーター 49

ま

前滑り 162
マグナス効果 28
摩擦係数 173
摩擦抗力 30
摩擦力 26
マスバランス 142
マッハ数 155

み

ミクスチャーレバー 72
密度高度 9

む

迎え角 27

も

モーメント 2

ゆ

有害抗力 45
有害抗力係数 52
有限翼 39
有効迎え角 43
誘導抗力 43
誘導抗力係数 43
誘導速度 42
誘導パワー 109
誘導迎え角 43
輸送　C 類 12
輸送 T 類 12

よ

揚抗比 31
揚抗比曲線 31
揚力 26
揚力曲線 30
揚力曲線勾配 31

索　引

揚力係数 ... 27
揚力線 ... 42
ヨーダンパー ... 105
翼厚 ... 25
翼厚比 ... 26
翼型 ... 25
翼型抗力 ... 30
翼弦 ... 25
翼弦線 ... 25
翼弦長 ... 25
翼効率 ... 44
翼素 ... 68
翼断面 ... 25
翼根翼弦 ... 39
翼端板 ... 45
翼端渦 ... 41
翼端失速 ... 48
翼端翼弦 ... 39
翼幅 ... 39
翼面荷重 ... 56
翼面積 ... 39
横安定 ... 74
横風があるときの最終進入・着陸 ... 165
横風があるときの離陸 ... 160
横軸 ... 74
横滑り ... 95
横滑り角 ... 95
横の操縦 ... 106
横揺れ ... 74
横揺れ運動 ... 102
横揺れ角 ... 74
横揺れモーメント ... 74
余剰推力 ... 111
余剰パワー ... 111
よどみ点 ... 14

ら

らせん不安定 ... 105
ラダーロック ... 101

乱流 ... 15
乱流境界層 ... 17

り

リーディングエッジフェンス ... 49
理想気体 ... 7
理想流体 ... 10
リバースピッチプロペラ ... 62
リフトオフ速度 ... 129
流管 ... 13
流線 ... 14
領域 ... 114
利用推力 ... 110
利用パワー ... 110
離陸 ... 129
離陸距離 ... 130
離陸空中距離 ... 130
離陸出力 ... 68
離陸上昇性能 ... 133
離陸性能 ... 129
離陸速度 ... 129
理論混合比 ... 66
臨界高度 ... 67
臨界発動機 ... 97
臨界マッハ数 ... 156
臨界レイノルズ数 ... 15

れ

レイノルズ数 ... 15
レイノルズの相似則 ... 16
レシプロ ... 65
レシプロ飛行機 ... 11
連成効果 ... 104
連続の式 ... 13

ろ

ローテーション速度 ... 129

引用・参考文献

1) 吉田卯三郎、竹脇又一郎：五訂　物理学　三省堂（1971）
2) 須藤浩三、長谷川富市、白樫正高：流体の力学　コロナ社（1994）
3) 永井實：イルカに学ぶ流体力学　オーム社（1999）
4) 久保田浪之介：トコトンやさしい流体力学の本（2007）
5) 比良二郎：飛行の理論　廣川書店（1984）
6) 比良二郎、滝澤英一：流体力学の基礎と演習　廣川書店（1970）
7) 加藤寛一郎、大屋昭男、柄沢研治：航空機力学入門　東京大学出版会（1982）
8) 山名正夫、中口博：飛行機設計論　養賢堂（1968）
9) 社団法人日本航空技術協会：航空工学講座　第 5 巻　ピストン・エンジン（2008）
10) 社団法人日本航空技術協会：航空工学講座　第 6 巻　プロペラ（2009）
11) 内籐子生：飛行力学の実際　日本航空技術協会（1984）
12) 鈴木真二：ライト・フライヤー号の謎　技報堂出版（2002）
13) 李家賢一：航空機設計法　コロナ社（2011）
14) 鳥養鶴雄、久世神二：飛行機の構造設計　社団法人日本航空技術協会（1992）
15) 社団法人日本航空技術協会：改訂第 3 版　航空力学 II（2001）
16) 牧野光雄：航空力学の基礎　産業図書（1989）
17) 野口昭泰：747 の操縦　イカロス出版（2004）
18) 廣岡秀明：大学新入生のための物理入門　共立出版（2008）
19) 遠藤信二：飛行操縦特論　鳳文書林出版（2017）
20) 航空宇宙辞典　増補版　地人書館（1995）
21) 日本航空宇宙学会編：第 3 版　航空宇宙工学便覧　丸善（2005）
22) 国土交通省航空局：耐空性審査要領　鳳文書林出版（2014）
23) 自然科学研究機構　国立天文台編：理科年表　平成 26 年（机上版）　丸善（2014）
24) 沖村友行：航空力学入門　航空技術　1989 年 12 月号～2006 年 4 月号
25) J. D. Anderson, Jr., 織田剛訳：空気力学の歴史　京都大学学術出版会（2009）
26) Henk Tennekes, 高橋健次訳：鳥と飛行機どこがちがうか　草思社（2000）
27) C. E. Dole and J. E. Lewis : *Flight Theory and Aerodynamics, Second Edition,*　John Wiley & Sons, INC.（2000）
28) H. H. Hurt, Jr. : *Aerodynamics for Naval Aviators,* Naval Air Systems Command United States Navy（1965）
29) Federal Aviation Administration : *Pilot's Handbook of Aeronautical Knowledge*（2008）
30) Federal Aviation Administration : *Airplane Flying Handbook*（2007）
31) Federal Aviation Administration : *Aircraft Weight and Balance Handbook*（2007）
32) Federal Aviation Administration : *Instrument Flying Handbook*（2008）
33) Federal Aviation Administration : Federal Aviation Regulation Title14 Part23
34) Federal Aviation Administration : Advisory Circular AC 00-54 Low level wind shear
35) Federal Aviation Administration : Advisory Circular AC 90-23F Aircraft wake turbulence

著者　遠藤信二（えんどう・しんじ）

略　　歴
1948 年　東京都生まれ
1970 年　東京都立大学理学部数学科卒業
　　　　　日本航空（株）入社
1972 年　DC8 セカンドオフィサー（航空機関士）
1976 年　DC8 副操縦士
1979 年　B747 副操縦士
1991 年　B747 機長
1993 年　B747-400 機長、専任乗員教官
1997 年　B737-400 機長
2001 年　B747-400 機長（復帰）
2004 年　専任地上教官兼務
2008 年　法政大学理工学部教授
2016 年〜2018 年　法政大学理工学部兼任講師
現在に至る

飛行時間　10,210 時間（内機長時間　3,438 時間）

初版発行　平成 27 年 4 月 24 日　　　　　　　　　　　　　　印刷　㈱ディグ
再版発行　令和 2 年 4 月 24 日

航空力学と飛行操縦論
遠藤信二著

発行　鳳文書林出版販売㈱
〒105-0004　東京都港区新橋 3-7-3
Tel 03-3591-0909　　Fax 03-3591-0709　　E-mail info@hobun.co.jp
ISBN978-4-89279-455-1 C3550　Y3700E　　　　　　　　定価　本体価格 3,700 円＋税